跃迁

成为高手的技术

古典 — 著

中信出版集团 · 北京

图书在版编目（CIP）数据

跃迁：成为高手的技术 / 古典著 . -- 北京：中信
出版社，2017.8（2025.4 重印）
ISBN 978-7-5086-7888-7

I. ①跃⋯　II. ①古⋯　III. ①成功心理－通俗读物
IV. ① B848.4-49

中国版本图书馆 CIP 数据核字（2017）第 150855 号

跃迁——成为高手的技术

著　　者：古　典
出版发行：中信出版集团股份有限公司
　　　　　（北京市朝阳区东三环北路 27 号嘉铭中心　邮编　100020）
承 印 者：河北鹏润印刷有限公司

开　　本：880mm×1230mm　1/32　　印　张：11　　字　数：218 千字
版　　次：2017 年 8 月第 1 版　　　印　次：2025 年 4 月第 46 次印刷
书　　号：ISBN 978-7-5086-7888-7
定　　价：49.00 元

推荐序

高手的暗箱
利用规律，放大努力

获得百倍收益的关键，并不是百倍努力。每个时代的高手都在利用社会和科技的底层逻辑撬动自己，实现跨越式成长。

02 高手战略
在高价值区，做正确的事

处处有机会，就等于处处没机会；竞争越是开放，个人越需要打磨深思熟虑后做选择的战略能力——找到那些"更少但是更好"的事。

03 联机学习
找到知识源头，提升认知效率

在知识爆炸、终身学习时代，人与人之间比拼的不是学与不学，而是认知效率。学习前，想明白学什么、怎么学、有什么用和如何兑现。

04 破局思维
升维思考，解决复杂问题

为什么很多问题无解？因为答案根本就不在系统内。"单维思考者"永远看不懂整体的"系统思维"，看懂系统，才能破局。

05 内在修炼
跃迁者的心法

真正的改变都是逆人性的。你可以了解所有跃迁的技术，但推动跃迁的关键动力，是我们要成为什么样的自己。

用自己的步伐丈量这个时代

时常有人问我，该如何在这个时代从容地生活？

这个时代一切发展得飞快，城市每天一个样子，工作种类不断增加、全球化进程越来越快，今天学的东西明天可能就过时了。所以每个人都免不了有心浮气躁的感觉，每天忙忙乱乱。但即使如此，好像也什么都没抓住，好像稍微一恍惚，有些机会就失去了。

该如何在这个时代，让自己从容又持续地成长？

第一个重要的事情，是先慢下来。不是

不做，而是想清楚了再去做。

管理学中有一句话叫作"不要以战术上的勤奋掩饰战略上的懒惰"。这句话的意思是，有些做企业的创始人整天忙忙碌碌，抓着各种各样的事情，每天 24 个小时不够用。但整个公司不仅发展的战略方向不明确，重点也不明确，最后公司不是倒闭了，就是处于危机状态。

另一个说法则给了这种低水平勤奋解药："大处着眼，小处着手。"意思是在做任何事情的时候，我们一定要纵观全局，把事情都想清楚了、理清楚了，再下手去做。这样的话，即使从最细小的事情开始做，大方向也始终保持一致，有序而不乱。

所以，不论是面向自己的人生设计，还是面向工作发展，都一定要先把事情慢下来，先把心静下来，看清楚了才能想清楚，想清楚再去做。

古典原来是新东方优秀的 GRE（美国研究生入学考试）词汇老师，也是新东方第一届的教师培训师。在教学过程中，他有感于人生方向、选择、心智对于人的影响，也许更甚于教词汇，2007 年开始全职从事生涯教育和咨询，从业十年专注这个领域，逐渐成为圈内高手。

他显然也注意到了这个时代的焦虑底色。他在书里指出：在这个时代仅凭个人努力，是远远不够的，你需要先理解时代的趋势，看到每一个企业、公司都有自己的系统。找到系统的杠杆支点，个人的力量才会被放大。要懂得借时代的势，借平台的势，就像鸟借助上升气流和同伴的拍打翅膀，能够飞越大洋。

在这本书里，他深入地剖析了很多高手故事，投资家巴菲特如何用最保守的策略赚到最激进的收益，书生曾国藩如何用结硬寨、打呆仗的方式征服太平天国，探险家阿蒙森如何通过"日行20英里"第一个到达极点，这些都是沉得住气、慢得下来的人。他们之所以能慢得下来，不是因为比别人有毅力，而是因为想得清楚。

时代越快，你越要慢下来，用一种战略眼光看清楚再动。

第二个很重要的东西，我们一定要阅读。

我对中国人读书这件事情无比失望，我反复讲犹太人人均每年读65本书，我们中国人只读5本书，后来我发现，连这个5本书的数据统计都是假的，这个数据把中小学教科书、课外辅导材料都统计进去了，平均每一个中小学生有20本以上的辅导材料和教科书，这意味着成人是不读书的。有一次我对2600个中小学老师讲课，让读过5本非教科书类书籍的人举手，结果只举起来了20只手。中国的中小学老师都不读书，我们又怎么希望我们的学生读书？

今天我到俄罗斯、美国去坐地铁，地铁里的年轻人有一半在读书，在中国年轻人都拿着手机玩。在这个信息爆炸、万物互联的时代，书本前所未有的便宜和便捷，我每天都在Kindle（亚马逊电子书阅读器）上下载新的书，也从网络上阅读到很多新知。但是我们很多人，依然还是不读书、少读书。

除了读书，你还可以用更多的方式学习，读书、旅游、交友、拜访名师、个人领悟是个人学习的 5 种路径。按照古典的话来说，就是要成为"联机学习者"。一个人的学习、思考能力都极其有限，整天盘旋在自己的思想、能力、领悟范围内，很快会遇到瓶颈。

这个时候，你就要有新的学习方式：我特别鼓励新东方老师出去旅游，背着包就走，记录自己看到、感受到的东西；遇到有思想的人，要去请教，他们的一个小引导，也许会让你的工作生活进步飞快。遇到有想法、志同道合的朋友，要能在一起喝酒、聊天。

英国教育家、牛津主教约翰·纽曼（John Newman）在一次讲演中讲道："当许多聪明、求知欲强、富有同情心且目光敏锐的年轻人聚到一起时，即使没有人教，他们也能互相学习。他们互相交流，了解到新的思想和看法，看到新鲜事物并且掌握独到的行为判断力。"

我最近在游轮上举办了一个特有趣的活动，我包下一艘游轮，让 2000 个老师在游轮这个封闭的地方一起读书，共同碰撞，他们就在引爆这种"即使没人教，也能互相学习"的联机学习方式。也正是因为这种力量，新东方才会和一般的教育机构不同，才能源源不绝地产生优秀的年轻人，不仅在财务上获得成功，更成为中国教育界的重要精神力量。

时代发展越快，我们越要阅读，用一种与时代联机的方式阅读。

第三个重要的事情，就是用一种投资的心态来看待人生。

我们常常会有一个错误概念，我们花出去的时间、耗费的精力、花费的金钱，就只是花掉了，并没有回报。但其实我们的时间、精力、注意力等，在某种意义上来说都是一种投资，并不是简单地花掉。投资行为最核心的特点，就是需要取得回报，并且最好是成倍的回报。

但是在这本书里，古典提到，实际上每个人都是自己的"人生投资者"，我非常认同这个理念，投资人这个思考角度会让你对于自己的人生使用得更加淋漓尽致。

因为当我们把一个行为当成投资的时候，我们想的就不是尽可能少花钱，而是尽可能思考花这笔钱是否划算。比如说100元仅仅用来吃饭，回报就是吃饱，也许和20元的没有什么两样。但是如果你用20元吃饭，剩下的钱去看一场电影、买一本书，甚至还能给自己的爱人买一朵玫瑰，这个投资就是非常合算的。你获得了感情、知识、能力上的回报。

我们的时间精力也是一样，表面上看，好像睡一觉就能恢复，没有什么成本。其实你的时间过去不会再回来，一天的精力也是有限的，在一个资源丰富的时代，你要更加谨慎地投资你的时间精力。

当然，我并不是说从此以后我们就不要散步、聊天、和朋友吃饭喝酒。朋友交往带来情感的回报，这是新东方创业的原始股。

聊天带来智慧的回报，散步带来思考的回报，这是一种长远的投资模式。

时代发展越快，我们越要用投资的眼光看人生。重要的事情，值得花重要的时间去做，值得做得更好。

看《跃迁》这本书的人，都是希望成为自己领域高手的人，真正的人生高手往往并不是苦哈哈的，而是快乐、从容和恬静的。所以送给各位希望成为高手的年轻人一句话：

"有条不紊地奋斗前行，舒展从容的恬静人生。"

持续进步是人生必需的，但要用一种舒展从容的态度去做。人生本身应该是安静的，而非匆忙的。尤其是不能被这个时代牵着鼻子走，要用自己的步伐去丈量这个时代。

你要读古典《跃迁》的 7 个理由

我认识古典老师十几年了。他一直在我心中的那张"聪明人"清单上。

但是,读到这本《跃迁》的时候,我还是吃了一惊。原来,"职业发展"这个新领域,已经被他开创得那么阔大了。

古典扔给我一张考卷。

上面只有一道论述题:"作为第一个读到这本书的人,你能说出一个读者为什么要读它的理由吗?"

我说:"我能说出 7 个。"

1. 帮你省钱省时间。我有一次问古典,

你为啥觉得你干的这个事业有价值？他说："人一辈子遇到五六次人生和职业困惑，也就了不得了吧。我这10年解决了3000多个案子，也就是说，我和我的用户一起度过了几百个人生的困境时刻。所谓久病成医，我再笨也琢磨出了一些门道。"这个逻辑我认。我相信，人类所有的进步，都是因为专业分工。

2. 观察身边一流的产品、公司和人，都能发现一个特点，他们都有一个非线性的跨越式成长阶段。在之前，都有长久的学习和认知积累的过程。有一天当你突然把局看明白了，资源也就马上为你所用了。这个过程不能跨越，但是可以加速。你要理解精进，更需要理解非线性，也就是本书所谓的"跃迁"。

3. 选择决定命运，认知决定选择。只有梯子搭对了墙，努力爬才有意义。过去这个领域的书都在说个人该如何努力，这本书把镜头拉到了社会的高度，让你看清墙是什么，和谁竞争。先在认知上努力，再在行动上努力提高效率。

4. 我做"得到"App（应用程序）的思路是：有头部的内容，才能在这个市场里活下来。其实不光内容有头部，做事、做人、上班、创业都有头部。古典在书里提到了个"头部矩阵"，这是个头部探测器。

5. 喜欢答案的人很痛苦，因为他的世界不断崩塌。喜欢问题的人很欢乐，因为手中的慧剑越来越锋利。当答案稀缺的时候，谁有答案谁就是精英。当问题稀缺的时候，谁问题好谁就牛。这本书有不少好问题。比如谈到职业发展，你就应该问自己三个问题："我现在做的工作，机器能做吗？""我现在做的工作，有可能外包吗？""我现在做的事，会越做越好吗？"这些问题的答案可能会让你沮丧，但还是建议你去想。因为被问题拍肩膀，总比被现实抽嘴巴子好。所以说，好问题比答案还重要。

6. 很多人以为读书就约等于学习，其实读书只是方式之一，"得到"App 里的"年度订阅专栏""小课题""每天听本书"等产品，都是更有效的学习方式。还有一个方法很有效，就是本书里提到的联机学习。我们的 CEO（首席执行官）李天田（脱不花），一年前我刚认识她时觉得她对互联网还不太了解。但是仅仅合作半年多，她在很多领域已经成了我的老师。她的诀窍就是，什么事不懂，就去找这个领域最牛的人聊天。向人学习的速度，远超向书本学习的速度。联机不仅可以提问，还可以一起写作、思考，很有用。

7. 古典是"得到"App 的作者，是所谓"得到系"的知识大神。我选作者的标准是——这个领域里最好的。

以上。交卷。

鸟类学家想告诉鸟的话

　　古典老师早年是新东方名师，现在专注于个人事业发展的顾问工作。他经历过高强度竞争的大场面，指导过职场新人和行业高手，影响过很多很多大好青年。他在"得到"的专栏《超级个体》受到读者的热烈欢迎。这本《跃迁》，是古典给读者的最新奉献。

　　书中有英雄的成败经验，有科学家的严格研究，更有古典老师从第一线获得的洞见。书中思想代表了时代的最新见识。我读这本书的时候就想，倘若有人不了解这些思想，想要跟了解这些思想的人竞争，岂不是非常吃亏吗？

读书行为带给人的是不公平的竞争优势。可能有的人高喊着"努力！奋斗！"的励志口号埋头苦干，但是根本摸不着现代社会的门道，而这本书告诉你怎样借助新时代的工具，怎样外包大脑。可能有的人把高手奉若神明，以为做事都要有"妙招"才行，而这本书告诉你所谓的"妙招"恰恰是落了下乘，系统化的进步靠的是"51%的效率"。

所幸的是你现在已经把这本书拿到手里了。可我又担心你读不好，所以我想说说个人的一点儿浅见，这本书到底应该怎样读。现实是，就算你把这本书倒背如流，也未必能成为真正的高手。

"科学史"和"科学哲学"是两个非常有意思的领域。有些研究这两个领域的专家，会忍不住总结一套科学进步的规律，告诉科学家应该怎样搞科研。可是物理学家费曼出名地反感哲学，他有一句话说，科学史家和科学哲学家之于科学家，就如同鸟类学家之于鸟。

鸟并没有接受过鸟类学家的指导，但是鸟都飞得很好。那科学家为什么要听科学史家的话呢？

我对费曼这个类比有点儿不以为然。鸟天生就会飞，但科学家可不是天生就会搞科研。我听过一些科学家的经验之谈，也读过"科学史家"对科学方法的归纳总结，我只恨自己没有在更早的时候就知道这些。就连费曼本人，也忍不住在不止一本书里谈到自己的研究方法论，以及对"科学"这个行业的看法，他想让年轻人知道，而年轻人也的确乐于学习他的经验。

但是如果你去问费曼或者任何一位某个领域的高手，他们大概不会说，我作为一只鸟，是因为通读了鸟类学家的书才飞得这么好——我飞得好是我自己的事儿。

所以这个问题就是，这本书到底应该怎么读，这经验到底应该怎么用呢？

对此我有三点意见。

第一是"模仿"和"创造"。读书的错误态度是既然别人是这么做取得成功的，那我就必须也做这些。更错误的态度是既然书里没说有人那么做过，所以我就不敢那么做。

其实你仔细读书中这些案例，高手的名字之所以跟这些道理联系在了一起，是因为这些道理是他们首创的。他们不是被动的模仿者，他们是主动的创造者。只会被动模仿，不能算你学到了——你得主动创造才算是真的学到了。

当然，创造也不一定都是凭空而起，你可以创造性地借鉴。比如书中讲到，巴菲特就从棒球手的训练中学到一个道理，用在了投资领域。那如果你也把这个道理用于投资，就是还没学到家。你得能用到别的领域才好。

第二是"方法"和"事业"。这是一本讲做事业的方法的书。你要干一个什么事业，用上这些方法，可以加速进行，甚至事半功倍。成绩 = 事业 × 方法。

但这也意味着，如果没有事业，光知道这些方法也没用。如果一个人埋头苦干事业，另一个人整天钻研方法，我们无法判断他们两个谁更可能取得好成绩，也许第一个人更靠谱。你得先有个孩子，才谈得上钻研育儿科学，先有个事业，才谈得上学习方法。

这个事业最好是比较大的。如果你只想要生活中的"小确幸"，这本书就只能给你提供谈资而已。只有大事业才配得上"战略"二字。

第三是"全面"和"一点"。我们是不是非得全面了解了高手的方方面面，才能出发去成为高手呢？当然不是。你坐在电视机前把各国游泳教学录像都看一遍也没用，直接下水游才是最好的办法。

你根本不需要掌握这本书里说的所有方法。你真正要做的是一边实践演练一边借鉴方法。也许书中的某一点正好对你有所启发，然后你在这一点上做到了极致，那你就可能打败了绝大多数人。

在践行的过程中，你自己也会有各种体会、各种经验，那时候你回头再看这本书，可能会有新的启发，更可能感到不谋而合。那时的再次相见，岂不是比这时候的切磋更有意思。

古典训练过很多"鸟"，你听他的没错。你读这本书不是为了也当一个鸟类学家，你想当一只飞得更好的鸟。

高手的三个境界

长久以来，作为一名生涯规划师，有一个问题一直困扰着我——为什么人们的努力和回报，常常是不成正比的？

我当然不是说不劳而获，任何收获都需要投入，高回报背后的艰辛只是你没有看到。

但同样是投入，效率是完全不同的，如果想知道智力、能力和努力程度都相若的两个人，因为不同的选择，10 年后的人生收益差别为何大，不用看什么研究报告，回想下你的大学、中学、小学同学的生活状态就足够了。这些当年和你能力相若，起跑线差不多的人，今天离你越远，彼此差距越大。而且，不见得最成功的人，就最勤奋最努力，那些活得不如意的人，他们应付生活所付出的努力，也未见得就比你小。

带来这些巨大差异的，不仅是努力，更是一次次选择。就像两块一模一样的雪球，从山顶上滚下来，因为轻轻磕了一下一个小石头，就向不同的方向滚去。这样的小改变叠加起来，雪球落到山底的时候，会相差很远。人和雪球不一样，雪球是被动地滚，而人会主动选择。所以人生的差距比雪球的差距，大到不知道哪里去了。

过去，资源匮乏，出口目标很清晰，人生是一场场战斗；而在资源丰富的今天，人生不再是战争，而是一次次的投资和选择。这些选择背后的差异，就是认知的差距。

看一个简单的事实：

2000年的优秀毕业生去了外企和"四大"，土鳖毕业生去了四环边中关村的公司；

2005年好学生进入了风头正劲的诺基亚，土鳖毕业生选择了卖鞋卖袜子的阿里巴巴；

2010年优秀的毕业生都留学美国，土鳖毕业生都留在了BAT（百度、阿里巴巴和腾讯）；

2015年的优秀毕业生都选择去了BAT，谁是那群幸运的土鳖呢？

当年的"土鳖"和"优秀"是成绩和能力的比较，但是收益似乎不完全是优秀的函数，如果说当年的"土鳖"是幸运地选对了道路，那么你有什么方式可以重复这种人生的幸运选择？

我的父母亲，是非常勤奋、正派、踏实和专业的老知识分子，他们过了与命运奋斗的一生：三年困难时期、"文革"、国有体制改革、股灾、房价上涨、病痛……即使这样，带着那种老一辈人天然的正派和热情，他们也活得顽强又乐观，是我很爱很尊敬也是生命中最重要的人。

对他们冲击最大的并不是时代的大事，而是生活中他们没法理解的不公平——他们没法理解：为什么自己一个"无所事事"的朋友通过投资房产，轻松赚到了他们成千倍工资的钱？为什么今天在他们看来生活和工作方式"不靠谱"的一些人，会活得那么不错？他们"一分耕耘、一分收获"的价值观，深深地受到了冲击。

如果社会不是一分耕耘、一分收获，那么今天我们该相信什么？我，作为一个天天支持别人设计人生、自我实现的人，该如何向自己的父母解释这个游戏规则？我今天也有了自己的孩子，如果我不能告诉他努力就有回报，一分耕耘、一分收获，我该如何对他解释，要不断成长和努力？

我还经常看到这样的年轻人，也许你就是其中一个——他们家庭条件不错，没有什么生活压力，但是依然非常非常努力，比当年我为了生存还要更加努力。他们挑工作的最大期待就是能学到东西，要不就是做点儿有意思的事，实在不行也要有一群好玩的人，钱倒还是其次。他们迫切希望成为某个领域的高手，因为只有这样，他们才能看到更大的世界，理解自己的可能性，不辜负自己的好青春。

但他们也会很沮丧地发现，即使尝试了网上说的各种努力方法，自己好像也没有成为真正的"牛人"。即使每天进步 1%，也没有像励志公式上说的那样一年增长 37.8 倍。年龄越大，他们好像距离自己想要成为的人越远。他们与那些真正的高手的距离，到底是什么？

到底是什么东西决定了努力和回报的关系？

我的另一个身份是新精英生涯的董事长。10 年里，我带领着这家公司从零做起，参与市场竞争，琢磨商业游戏法则，现在成为生涯规划领域市场占有率最大的机构，算是有了些成绩。我从商业前辈那里学到很多东西，我深深理解，一个公司的估值和竞争力，可以通过很多方式撬动，个人努力只是其中很小一部分。

每当这时，"努力和收益不成正比"的困惑就更加明显，时常让我陷入思考。几年下来，我慢慢开始理解这个困局的真正问题所在。

今天，大部分关于个人成长、生涯发展和人生设计的理论，都源自心理学、教育学。这些学科的视角主要是从个体出发，希望个人通过整合、学习获得幸福感和成就感，追求一种内在的丰盛。

而很多人期待的提升竞争力、发挥优势、快速增值等概念，却来自社会学、经济学和商业。从这个视角来看，个体在其中只不过是一个"社会原子"，个性化部分不多，更重要的是抓住趋势、利用规律、达到外在的社会成功。

这两个角度如此不同，解释起来答案就不一样，比如房价问题。心理学告诉你"房子并不代表安全感"，社会学和经济学的角度是"如何利用杠杆和趋势投资房产"。

这两个角度都有自己的好处，但是如果你通过个人的角度希望达到社会的成功，这中间就缺一块拼图，你不得不承认：

发挥天赋、追随热情，你一定会很幸福，但未必能改变世界；

刻意练习 1 万小时，你会进入心流，持续突破，但未必能成为公认的高手；

全心全意打磨一件事情，你会获得宁静，但未必能创造价值。

而这个时代真正的高手，几乎都有一个特点——他们既懂得如何驱动自己持续地努力和积累，也懂得借助社会和科技趋势放大自己努力的收益。所有这些取得重大成就的人，最明显的共同特点，就是阶段性的非线性成长、跃迁式的上升。每隔几年，他们突然上一个台阶，眼界、想法、能力、调用的资源和身价都完全不同。这就是利用规律放大个人努力的结果。

我研究过《福布斯》全球富豪排行榜上的华人富豪的生涯案例，他们有 3 个共同点：首先，他们足够努力、勤奋；其次，他们在 26~35 岁开始创业，这个时间段，正好是社会积累足够、家庭负担还不太重的时期；最重要的，他们在创业两年左右后，都遇到了一个空前的时代上升趋势。香港首富是抓住了金融和地产行业的趋势，台湾首富是抓住了电机和塑料行业的趋势，内地的首富则是顺应了互联网大潮。后面这两项因素，是他们放大自己努力和天赋的关键。

就和游泳一样——会游的人很省劲，不会游的人即使身体强健，也游得很累。这就是对于水的理解不同，"水性"的不同。

时代也是有水性的——有些人深刻理解时代的水性，能顺着大潮去很远的地方；有些人则不理解社会和时代的水性，搞不好还会淹死自己。时代高手的非线性成长、跃迁式上升，就是恰当地运用规律放大努力的结果。而大部分人也许懂个人成长、心理发展，或者熟谙社会和商业规则，但恰恰缺少了结合这两部分的一环。

我写过《拆掉思维里的墙》和《你的生命有什么可能》，销量过百万，很多人因此受益。这本书从心理学视角，解开了很多错误心智模式的心结，让人不被自己禁锢，活出真正自我。而《跃迁》这本书，则希望拼完这块拼图——从社会的角度解释个人的成就和成功。

拆墙不够了——这次我们要拆天花板。

那么，从哪里获得这些知识呢？

显然不是学校。今天我们的教育开始强调个性化，要幸福教育，这是一种进步，我们好歹从工业化的生产式教育走向了从心理学角度看待教育。但真的接触美国的精英教育后，你会发现他们不仅教这些，更重要的是教给孩子如何判断趋势、如何结交朋友、如何做出正确的选择——美国精英阶层的家长手把手、口对口地教授孩子这些知识，很早带他们进入各种社交场合，认识最优秀的人，本质上，就在教他们如何更加轻巧地利用规律的技术。

我在当 GRE 老师的时候，曾经教过收费很高的一对一英语私教班，学生家长一般分成两种：一种是真的很有钱，不在乎钱的家长；有一些则是收入中等，希望孩子有出息，一咬牙花大价钱的家长。对于前者，我倾尽全力让自己对得起这个价格；对于后者，我则更加苦口婆心，小心谨慎，偶尔还开个小灶，我知道这些钱对这个家庭意味着什么。

每次，我都会跟接孩子的家长聊聊孩子的学习进度。我会说："你们家孩子词汇量还不够，要把这 6000 个词汇尽快背完，然后阅读分才会好。"这个时候，我经常收到两种回答。那些中产阶层家庭的家长会说："听到没有！要听古典老师的话！回去好好背，好不好？"孩子温顺地点头。而有些真正聪明的家长则会笑着说："古典老师，我们家孩子就是不爱背单词，但是他喜欢阅读。我们进度不需要那么赶，你能不能陪他多读点儿有趣的英文书？"后面这种回答，震撼了我。

家长在答，而孩子在学。两种不同的回答背后，是两种完全不同的世界观——前者是"按照要求完成任务"，后者是"我可以要求世界以符合我的方式教学"。我相信前一种孩子会成为最优秀的员工，但是后一种孩子，未来则有可能成为真正的领导者，创造一些世上完全没有想到的东西——即使你有足够多的钱，你依然还是买不回来对于世界的真正认知。过去也许是寒门出贵子，今天则是贵门出贵子——这个贵不是富贵的贵，而是高贵的贵。真正优秀的心智，一定会培养出足够优秀的人。否则即使身处最好学府，你依然学不到那些让你与众不同的东西。

家庭教育当然是一种路径，另一种路径则是理性的科学分析和自身感悟：通过观察社会真实一线高手的案例，加上科学的规律分析，个人也能找到这些高手背后的逻辑和思路。这本书的思维方式更是这样：以最近5年来学习的底层数学、进化论、系统科学的框架，配合身边高手的案例分析，结合生活的场景，把高手的心智和技术展现给你。

这也给了这个时代年轻人一条真正的公平竞争之路——即使你的阶层和起点不够好，只要你具有能在网络中识别高级心智的能力，这个世界的可能性依然为你敞开。聪明地勤奋，合理地利用趋势，是这个时代科学地改变命运的技术。

《跃迁》就是我对于开头的那个困惑的回答——希望那些"土鳖"朋友、和我父母一样诚实正直又努力的人、那些非常勤奋的年轻人，可以看完这本书，少走弯路，不再关门憋大招，理解规律，引入资源，完成自己的跨越式成长，成为真正的高手。从同一认知起跑线开始，这才是真正的公平。

这本书想要讲的主题是：如何利用规律和趋势，放大个人努力。

第一章，我们谈到了网络、人工智能对于学习方式、思考方式和竞争力的改变，以及人类是如何通过"外包大脑"完成一次次的进化。在未来的时代，我们该抓住什么趋势，又应该规避什么风险？

第二章，谈到的是如何做好选择，培养竞争力的高手战略。现代社会是一个机会变多，但是（成功）概率变小的社会，在这个时代，该如何识别自己的机会？我们从一个统计学的底层逻辑——幂律法则入手，分析了为什么头部会有重大的收益，该如何识别自己身边的机会，以及有了机会以后，高手是如何守住机会、保持不败的。

第三章，解决的是关于学习的焦虑。这是一个知识爆炸，终身学习也学不过来的时代。这个时代该如何挑选适合自己的学习内容？如何比自学更快地获得知识？如何联机更多大脑一起思考问题？如何保持自己的学习动力？如何让知识变成价值？我们会向最优秀的学习者和思考高手学习技术。

第四章，谈及的是如何看懂和理解世界的技术，也就是经常说的高手"破局"的能力。里面会引入一个重要的底层学科"复杂系统"，并且延伸出两个方向——如何成为一个看得更远和看得更透的思考高手。你会理解社会系统里最重要的两个思考工具——回路和层次，让解决问题的能力上升一个台阶。这章应该是认知难度最大的一章，但是绝对值得一读，因为前面几章的思考都来自这一章的技术。

第五章，最后一部分，我们谈到了高手的内在修炼。仅仅有外在技巧是不够的，所有高手的技巧都是逆人性的，所以高手需要大量的内在修炼。这一章详细谈及了现代社会高手的 7 个心智关键词：开放、专注、迟钝、有趣、简单、善良、可激怒。希望你成为这样的一个人。

我自己起了这么大的一个话头，让这本书的思考显得有点儿不成熟而青涩。

不过 LinkedIn（领英）创始人里德·霍夫曼的话给我壮了胆："如果你不为你发布的东西感到一点点尴尬，那就说明你太晚了。"

我也决定早点儿让读者受益：用一种适合这个时代的方式来发行这本书。先发布最小可交付的产品，再持续地迭代。我在书后整理了"跃迁书单"，方便你做更深的延展阅读；我在书里放置了一些可探讨的话题，方便大家进一步参与讨论；未来还准备做跃迁书友会，汇聚一群时代跃迁者。这本书会一直自下而上地生长，持续迭代下去。

电影《一代宗师》里，把高手之路分成了三个阶段：见自己、见世界和见众生。

第一个阶段是"见自己"：你得理解自己的优势和局限，知道自己想要什么，受不了什么，持续地走出舒适区，扩大自己的能力。

第二个阶段是"见世界"：带着这些对自己的理解上路，你会碰得头破血流，你开始理解时代的趋势、社会的规则，看到各种人生的可能。

这部分就是这本书主要谈到的话题。看到趋势、理解规律、升级心智、自我跃迁——不仅要有高手的认知，还要有成为高手的技术。

但高手之后还有第三阶段，就是"见众生"：高手当久了，胜胜负负，你终于理解，要把自己学到的、理解的、坚持的传播出去，帮助更多人，这样才能从高手变为一代宗师。

彼得·德鲁克的父亲曾带他去见经济学家熊彼特，他父亲问这位经济学大师："你现在还会想别人要怎么记得你吗？""当然，这个问题对我很重要，现在我希望以后的人记得我是经济学老师，一位很会教学生的老师。"

德鲁克的父亲对这个答案很吃惊，熊彼特继续说："到我这个年纪，才慢慢体会到，只被人记得你的理论著作，是远远不够的，除非其他人的生活因为你的行动而有所不同，这样才算是有作为。"

小说《在轮下》里写道："面对呼啸而至的时代车轮，我们必须加速奔跑。有时会力不从心，有时会浮躁焦虑，但必须适应。它可以轻易地将每一个落伍的个体远远抛下，碾作尘土，且不偿命。"

相信有那么一天，如果你已经修炼成为一代高手，希望你把这些东西传播出去，文字的、声音的、在线的、线下的……联机更多的聪明人，一起玩好这个轮子；推一把新人，让他们跑得更快，越过你飞奔而去；拉一把活在轮下的人，让他们看到希望，过得更好些。

希望有一天，你也能这样定义自己的成功：让其他人的生活因为你的行动有所不同，才算是有所作为。

这更是一种跃迁。

不得不说的感谢：

这本书上市前夕，收到很多老师朋友写的序言、推荐和支持，编辑看着书封乐，"你这是要集齐个人成长领域的所有龙珠啊"。我感到了巨大的善意——对兄弟们的感谢话就不说了，留着喝酒——我一定要留出点儿篇幅，感谢一些没有他们，我就无法完成书的写作的人。

要感恩我的爸爸妈妈和太太培根，还有两个女儿弯弯和满满。他们对我支持最大，却要求最少，只是鼓励我去做这些自己热爱的事，他们是我心灵的归宿。

要感谢策划人燕恬，以及在写作中帮助我策划、收集资料、激发思路的伙伴，于淼、侯定坤、刘晶荣、丛挺、熊斌、姚琦、王方……以及新精英团队给我的巨大空间。

还要感谢中信的编辑赵辉和张艳霞，我们为了封面和书名吵了好几个通宵，最后又像接生孩子一样并肩等待这本书的出现。

最后很开心遇见你——不知道是什么缘分让你拿起这本书。阅读是一种思想的对谈。在这个时代，能花点儿时间一起安静坐着聊天的人，已经不多。很开心能和你在一起，快乐地聊下去。

01

高手的暗箱
利用规律，放大努力

获得百倍收益的关键，并不是百倍努力。
每个时代的高手都在利用社会和科技的
底层逻辑撬动自己，实现跨越式成长。

走在时代前面的明白人

在我高中时，化学老师出了一道小测验——一个空了很多格的元素周期表，要我们填空。

大部分人都填了一些，不记得的也蒙了几个。我实在记得不多，索性完全空着，还写上："全部元素在化学课本最后一页可以找到。"

第二天批改试卷，老师疯了。

但老师是对的吗？

老师是对的。考试的时候可不能翻化学书，还写刺激判卷老师的话，我用这种驴脾气来高考，肯定没好果子吃，对大部分人来说，大学教育相对而言依然是成功的捷径。

但我不知道，我无意中掌握了一种信息时代的必需技能——**知道知识在哪儿，比知道知识是什么更重要**。在书本稀缺的年代，把知识放到脑子里是非常重要的，但是在一个知识在网上很容易获得的年代，我的做法也许更加正确。

认知方式的改变：调用知识而非记忆知识

今天知识有多容易获得？举个例子，我住在清华大学附近，从我家到最近的书店步行大概要 30 分钟，而我从裤兜里掏出手机查阅同一本书，大概只用 5 秒钟。5 秒和 30 分钟的区别，就是这 20 年来信息调取速度的差距——360 倍。

这样快的调取速度，使我非要记住某个知识点的必要性大大降低——我只需要记关键词，而不是具体内容，这样能让我的记忆量变大很多。但与此同时，我的大脑的另一个部件"工作内存"，也代表着我的理解能力，却在这 20 年里没有什么改变。这让我用一种新的方式学习和记忆。

过去出门，我会花半个小时记下我的航班、航站楼、目的地酒店、坐什么车、当地有什么好玩的等信息；今天，我会花几分钟找到一个能提供这些信息的好用的 App。过去听完演讲，我会记录下演讲的所有精彩要点，今天我会发邮件索要 PPT(幻灯片)，然后打上标签丢入我的知识管理库，需要的时候调取出来。

我的认知方式逐渐转换成调用知识，而不再是记忆知识。

学习的目标是调用信息、解决问题，这是一个"存储—整合—提取—运用"的四步法。和中学时候的我相比，今天我的大脑联网着一个 1 万倍记忆量的云盘、享受着 360 倍速的网速，但还靠同一个内存条和 CPU（中央处理器）工作。

如果今天还把注意力花在如何读 100 本书，并且尝试把它们记住上，就好比一个人非要背下整本电话簿才开始拨电话。智慧不等于信息，记忆应交给电脑。未来世界的认知能力，是找到信息的**搜索能力**、运用信息的**思考能力**，以及从大量信息里抓取趋势的**洞察能力**。

这种变化对于你来说，也许是渐进的。但是提高到人类历史的角度，我们"记住知识"的方式持续了两千多年，而就是在近 20 年内，新的认知方式突然成为主流。这种变化是不连续的、跳跃式的，就像电子从一个能量级吸收能量，突然跳到更高的能量级。

这种突变式的进化，我们就称为"跃迁"。

思考方式的改变：从独自思考到联机的独立思考者

对信息的不同处理方式，也会反过来影响思考方式。当我想到一个点子，我不会马上继续独自思考下去，而是会上网找找有没有其他人也激发过类似的思考，或者直接打电话给一个专业人士聊聊业内最新动态。

你也许会想，这太可怕了。一个人想到点儿东西，然后就马上联网搜索、与人沟通，好像自己没大脑一样——你说这是不是变蠢了？

我开始也这么想，一直到我意识到，其实我过去写书、写专栏、讲课也并不是完全独自完成的。我写出来书，发给编辑和朋友，大家丢给我他们的观点以及最新看到的信息，然后我再改。

和今天的方式一样，只不过现在迭代更快、范围更大，以前从出书到收到反馈要半年，现在昨天发表的专栏今天就有回应。但是本质并没变，写作就是一种和读者的对话。

那我到底有没有变蠢呢？

有必要区分下"独自思考"和"独立思考"。我们可以调用全世界的知识和观点，但是依然需要独立面对两个问题：其一，进入场景，面对当下资源、当下情景你如何解决当下问题？其二，回到内心，你为什么要解决这个问题？你要调用多大的资源？你准备通过解决这个问题创造怎样的生活？这些都需要你独立思考。

你可以联机打游戏，看人家的攻略通关，但还是需要独立地玩这一关，达成你自己玩游戏的期待。就像跨国企业都在做的glocal（global-local）——"全球本土化"战略，有全球视野，但是保存当地特色。

如果你有**独立思考能力**，联机思考会让思想质量变得更高，迭代更快。

这个时代，每个人都需要学会如何成为一个**"联机的独立思考者"**。

核心竞争力的改变：人机合一

任何一条行业链，一旦某个链条有能大幅提高效率的新技术，这个领域的核心竞争力就会变化。

数码摄影刚出来的时候，遇到了当时主流胶片派的一致反对——"没有质感""颗粒度太大""噪点太多"。我手头有一个2002 年出厂的 30 万像素的数码相机，刚起步的数码相机摄影效果也的确不尽如人意。

胶片派反对数码摄影更加深层的理由其实是，**这个玩法简直是作弊**！胶片派多年摸索学习的暗房技术、冲印拼接技术变得一点儿用都没有。如果有点儿灵性和审美能力的年轻人，拿个手机再来点儿滤镜，效果并不比一般的摄影爱好者差。我认识的一位报社摄影记者曾特别骄傲地告诉我，他能用一秒钟凭借手感不看镜头直接对焦，拍清楚一只鸟。今天自动对焦的相机，很多都能做到这一点。数码技术的渗入使摄影界的核心竞争力从技术走向了观察和审美能力。

这种"高科技作弊"的情况出现在每个领域，随着移动互联网、AI（人工智能）、VR（虚拟现实）等技术入场，一些你非常熟悉的行业，会面临完全想不到的规则改变，竞争力会截然不同。

比如说我熟悉的教育培训领域。一个培训师的链条是这么回事儿：研发内容—设计课程—现场演绎，有点儿类似电影的"编剧—导演—演员"。近 20 年来，这个行业经历了三个阶段的改变。

线下教育时代

10 年前，一名培训师的核心技能是"现场演绎"。当时社会发展相对缓慢，知识也稀缺，同一套知识能用好几年。因为全都是线下，一个班讲完的东西，可以在另一个班重复讲一次，完全不需要调整。在这样的世界里，持续研发和改进课程似乎没有什么必要。一个老师三年讲同一门课，只要表达得足够好，绝对口碑爆棚。

　　一位妇女激动地拉着某老师的手说："老师你讲得真好，和当年一模一样，你知道我有多感动吗？10年前我就是听了这个讲座改变自己命运的。"线下教育时代有点儿像话剧时代——老师是好的话剧演员，演100场《茶馆》，那是大师。

在线教育时代

　　当在线教育发展起来，竞争格局完全改变了。

　　首先，知识更新很快，三年前的新知今天大半已过时，教研和研发变得很重要；其次，课堂变得无限大。我在"得到"App上的专栏《超级个体》有5万多订阅用户，应该是有史以来用户规模最大的收费个人成长课。在我写这本书的两个月里，订阅人数增加了两万，但是我几乎没有增加精力投入。当然这也带来副作用，你的内容被永远留存下来，下次讲必须是新的内容。

　　这就进入了培训界的电影时代——培训师的核心技能从表演转化到了研发能力。现在活跃在各个领域的顶尖老师，都是该领域的一线实战高手或者专业研究者，不再是"专业"培训师。

无边界时代

　　"表演系"的培训师还没有遇到真正的无边界竞争（boundless career）——未来几年，教育培训、出版、传媒、影视的边界会开始慢慢模糊。一个互联网内容产品，到底是不是培训？很多 VR 产品的教学功能已经比培训好，到底是不是培训？ Keep（一款移动健身 App）到底算不算私教？未来的培训市场，面临 IT（信息技术）、VR、App、内容、直播等领域的跨界融合。

教育永存，老师也无可替代，但未来的老师一定是一群"人机合一"的新教师——用大数据理解知识盲点，用联机专家完成教研，他们是掌握了最新呈现方式的各领域专家。

1997 年，国际象棋大师卡斯帕罗夫跟电脑"深蓝"对弈，"深蓝"最终以两胜一负三平的成绩获胜。当时人类世界一片哗然。在 20 年以后的 2017 年，谷歌的 AlphaGo（阿尔法围棋）跟围棋等级分世界排名第一的柯洁下棋，也赢了。但这次我们的媒体论调变得比较轻松，而且还蛮乐观的。

为什么相隔 20 年，人类社会对于这个事情的态度会有这么大变化呢？因为我们这一代人已经逐渐接受一个事实，那就是机器真的已经在很多领域比人强了。

《全新思维》的作者、美国未来学家丹尼尔·平克提到：世界已经从过去的高理性时代，进入一个高感性和高概念的时代，当 AI 能处理大部分左脑工作，唯有感性和创新能让你获得"人"的优势。有 6 种能力极其重要：设计感，故事感，交响能力，共情能力，娱乐感，探寻意义。

在一个人工智能盛行、行业无边界的时代，什么是未来的职业通用竞争力？**一个人能够用机器学习和处理信息，用大脑整合**

和创新思想，用系统思维思考问题，会是未来最有竞争力的。

今天每个人都需要面对未来，问自己三个问题：

我今天做的事，机器能做吗？

我今天做的事，会被外包吗？

我今天做的事，明天会做得更好吗？

科技、社会、文化的跃迁，必然会带来认知、思考、竞争力和人生观的剧变。这种变化每个时代都在发生，近 200 年尤甚，未来只会更快。

远的有马车夫因汽车被淘汰；近的有打字员因计算机被淘汰，传呼机被手机淘汰；更近的有报纸被公众号淘汰，胶片技术被数码摄影淘汰；身边的有人工智能击败人类围棋手，大数据让高盛金融分析师下岗……

我用 24 个字形容这个时代的特质：

信息变多、思考变浅，

机会变多、竞争跨界，

随时干扰、永远在线。

这是一个与过去 10 年玩法完全不同的时代——如果我们还顶着从非洲大草原进化来的大脑，装着工业化时代的思维，操持着过去在学校里学到的技能，也许还能蹦跶几年，但长远来看注定被淘汰。

1825 年火车刚刚试车成功的时候，这个又笨又大的铁家伙遭到的冷眼绝对比赞扬多。每次火车开出的时候，总有很多农场主驾着马车和火车赛跑，每每都能把火车比下去。比完后马车主在酒吧举杯相庆，一起调侃火车。

近200年过去了，再也没有比火车快的马车，因为火车的内在结构更合理、更开放，也更加能迭代。任何伟大而卓越的事情刚开始的时候，总是喝彩少而冷嘲多，为大部分人所不解。

同样，走在时代前面的明白人，永远是小部分。他们理解世界的趋势，了解科技的力量，有更加成熟的心智模式、更开放的心态和更快的迭代速度，即使短期笨拙，长周期也一定比你跑得快——可怕的不是优秀的人比你更努力，可怕的是优秀的人方法论比你正确太多。

这些人就是时代的高手。

拉斐尔也用投影仪

大卫·霍克尼是当代最有影响力的英国画家，国际画坛的大师之一，他还是一名艺术评论家和摄影师。

1999 年，伦敦英国国家美术馆举办了安格尔的作品展。当时的霍克尼也是业内大师了，但他在看画展的时候依然被震撼到了。他发现安格尔能在一个很小的画幅中用素描抓住特别细微的特征，这些线条非常精准、连贯，简直就像生长出来的一样。

更加让人震撼的是，这批肖像画是一天之内画出来的，而且安格尔和这些模特素不相识。

画过素描就知道，画认识的人比画不认识的人要容易很多，因为对于熟人你潜意识中已经完成从立体到平面化的过程了。所以，对于安格尔如何在一天之内于如此之小的画幅上画出这么多素不相识的模特，霍克尼备感困惑。

"要达到这种程度，他是怎么画出来的？"霍克尼喃喃自语，"简直像是拍出来的照片。"

霍克尼恨不得要下跪，相比之下，他自己这双手简直就是木头做的。

这种自然主义的惊世天才有那么一个两个也就算了，但是从文艺复兴到18世纪，那个时代的天才画家，全部都是这个水准。丢勒、拉斐尔、卡拉瓦乔……惊人的技艺让人绝望。

难道现代人比几百年前的人差那么多？

艺术、商业、科学、文化……我估计任何一个领域的人，都遇到过类似情况——你遇到业内某个顶级高手的作品或产品，那一瞬间，你突然意识到，以你现在的进步速度，根本就不可能企及这些人的高度，你开始怀疑自己的脑子简直是豆腐脑儿。

要多努力，才能看起来毫不费力？

要用多少汗水，才能浇灌出这样的精进？

不过本书不准备继续在"努力"这条路上给你"打鸡血"。这个故事也马上要急转直下。

霍克尼在一次朋友聚会上，偶然得知16世纪的画家已经知道有暗箱——就是中国所谓的"小孔成像"——这个玩意儿的存在，达·芬奇的手稿也提到了凹凸镜，而且画家和磨镜片的工匠属于同一个公会……他在想，有没有可能，哪怕一点儿可能，这些大师是用暗箱投在纸面上，勾出素描稿，然后上色的呢？

这样一来，画画变得简单多了，那些反复被强调的素描基本功变得不那么重要，关键是上色和涂抹——类似你今天画《秘密花园》。

先不说大师，如果今天你去让别人画大油画，别人也会要你给他一张照片，用投影仪投射在画布上，勾出素描稿，然后上色就完了。要注意啊，不都是手工，别被骗了。

霍克尼脑子里有这个想法以后，心里非常害怕——要知道，假如这个推论是对的，对于历代大师的技艺，还有相伴的各种画鸡蛋的鸡血故事和美术学院学生笃信的"熟能生巧"，是多么大的打击。巨大的颠覆需要海量的证据，他整理了500年来几乎所有的画作，查阅了许多资料，在2006年出版了自己研究的结果——一本331页的书《隐秘的知识》（*Secret Knowledge*）。

这本书里有清晰的证据显示，16世纪以来，几乎所有的画家都知道暗箱的存在，而且有相当一部分画家在使用暗箱。他确定达·芬奇在暗箱里看过蒙娜丽莎，但他这种天才也许没有描于稿，估计是看完后自己手绘出来的；米开朗琪罗是技术狂，肯定不屑于用这种技术；但是拉斐尔，文艺复兴三杰之一，肯定用了暗箱技术。这本书引起了世界级的震动，有兴趣可以去看看。

回到讲这个故事的初衷，我想指出的是：

如果拉斐尔在用投影仪，今天各领域的高手是否也有自己的"暗箱"？

我们并不否认高手的努力，但他们的成就高度，没法仅靠努力达成。他们站在巨人肩膀之上，光芒万丈，以至于我们过去太关注他们，看不到巨人。真正拉开他们和普通人距离的，在于

《圣母子》

（拉斐尔，1505 年，现藏于美国国家美术馆）

他们有意无意地做出的正确的选择，以及选择背后隐藏的规律的伟力。这些社会和科技的底层逻辑像杠杆一样，放大了他们的努力，让他们实现了跨越式成长。长江商学院的校训是"取势、明道、优术"，个人方法论被放到了第三位，更重要的是把握趋势（取势）、理解系统运行之道（明道）。

电影《星际迷航》这样描述星际航行原理：飞船加速飞离地球后，就不再依靠自身的燃料，而是依靠星球间的引力在飞行，利用星系间的"引力弹弓"，把自己发射到一个又一个新方向。这种情况下，自身燃料只用来调整自己的角度，这样飞得最快、最远，也最省力。在某些时刻，甚至可以利用"虫洞"来穿越空间。

个人发展是一样的，个人的命运并不是一条孤独的航线，而是与整个社会的每一个人缠绕在一起。一开始你应该通过努力和精进达到"逃逸速度"，然后应该切换思维方式，利用平台和系统的力道，撬动自己去更远更好的地方。

没有一个人是仅凭努力、天赋、机遇而获得巨大成功的，跃迁式的成功都是利用了更底层规律，激发了个体的跨越式成长。

今天各领域的高手，站在了哪些看不见的巨人之上？他们在商业、科学等专业领域的能力除了来自天赋、努力或运气，还有哪些暗箱？他们在应用哪些隐藏的规律让自己远远超前？

本书就想讲这些道理。在今天的时代，基于个体的精进太慢，只有借势跃迁，才能赶上这个时代的速度。

至于这些规律为什么没有人分享，是他们太忙无暇顾及，还是他们反复说过但大家就是听不懂，抑或是他们就蒙着试卷不肯让大家偷看？这个不得而知。但是这本书的努力就是让这些规律展现，让巨人露出肩膀，让每个普通人都能带着自己的暗箱，站上去。

通过法则，实现跃迁。

个体的跨越式成长

跃迁是一种跨越式成长

"跃迁"（transition）这个词乍听可能很生僻，其实我们天天都能接触到跃迁。跃迁是一种跨越式成长，一种能量激发下的突变。

比如说烧水。水在零摄氏度到99摄氏度之间，都只是温度升高，在100摄氏度突变成气态，这种突变物理上叫作相变，英文就是"phase transition"，即形态跃迁。

量子物理中，电子只能有几个固定的量级，吸收能量以后，会突然从一个量级跳跃到更高的量级，不存在中间状态。这个过程也可以反过来，从高能级往回跳跃，释放出光子。这个过程，就叫作量子跃迁。

我们的生命也是跃迁而来——无机物聚合突变成为有机物，有机物突变成细胞，单细胞突变成多细胞，多细胞到复杂生物，到爬行动物、哺乳动物，一直到人类。人类通过文化、经济、社会进一步聚合，形成了今天的社会。这条链条一头是分子，另一头是人类社会，其中链条的大部分是渐进式进化，而几个最重要的环节，都在跃迁。这种理论叫作"元系统跃迁"（metasystem transition）。

所有跃迁都有类似的模式：**受到激发的突变，没有中间状态。**

人类对于世界的认识，也是跃迁式的。

最好的例子莫过于 1905 年的爱因斯坦的故事。那年他还是一名 26 岁的默默无闻的瑞士专利局小职员，他业余时间一直在思考光与时间的关系。在那年 3—9 月份这半年里，他连续发表了 6 篇论文。

3 月 18 日，《关于光的产生与转化的一个启发性观点》，讨论了光量子以及光电效应，启发了量子力学；

4 月 30 日，《分子大小的新测定方法》，确定了原子的存在，推导出计算扩散速度的数学公式；

5 月 11 日，《热的分子运动论所要求的静液体中悬浮粒子的运动》，提供了原子确实存在的证明；

6 月 30 日，《论运动物体的电动力学》，提出时空关系新理论，被称为狭义相对论；

9 月 27 日，《物体的惯性同它所含的能量有关吗》，推出著名科学方程 $E = mc^2$；

12 月 19 日，《关于布朗运动的理论》。

只需要你有高中物理水平，就能感觉到这 6 篇文章发出的王之蔑视。费曼点评说，那一年的爱因斯坦至少应该得 3 个诺贝尔奖。其实诺奖都不足以定义爱因斯坦，接下来整个 20 世纪的物理学大楼，都盖在了量子力学和相对论的基础之上，在 6 个月之内，爱因斯坦搞出来两个奠基工程。1905 年也因此被称为"爱因斯坦的奇迹年"。

不过这并不是历史上第一个奇迹年，上一个是 1666 年。那一年，牛顿在乡下老家躲瘟疫，在宁静又无聊的乡村日子里，信手发明了微积分，完成了太阳光的分解实验，发现了万有引力定律。

如何实现自我跃迁

如果把个人通过刻意练习、自我迭代而带来的渐进式进步叫作自我迭代，那么利用科技、社会系统的能量，快速跳跃式升级，则是**自我跃迁**。

留心观察，你会发现个人成长也是一个"渐进—跃迁"的过程。

持续的学习、阅读中，突然有一天一个概念击中你，你打开了一个全新的视野，过去困扰你的一切突然清清楚楚，顿悟，这叫作**认知跃迁**。

于是你按照新领悟的方法持续地积累、练习、见人、蓄势，却长久没有什么变化。有时候，你都快要放弃了，但是突然有一天你发现自己的能力和水平上升了一个台阶，这就是第二个阶段——**能力跃迁**。

我曾经有段时间每天听英语新闻广播，连续三个月好像并没有什么长进。那个时候我也很迷吉他，正准备放弃英语去全力学吉他。我的吉他老师反而回头劝我："先别放弃，再等等。音乐里这个阶段叫作'薰耳朵'，你要不断地听好东西，然后听着听着你都以为自己忘记这件事了。有一天，你就成了。"一天早上，我突然发现自己一边骑单车，一边不经意地听懂了所有的英语内容，而且一点儿都没反应成中文。

从能力跃迁到能级跃迁，则是一个价值从内向外的过程。你的内在价值提高，但是外界还需要时间体验。但是这个阶段是爆炸式的……在一个长时间的积累和爬坡之后，你正确地做出了几个选择、换了几个平台，身价、能力和水平会突然上一个层次，看问题、做事情有完全不同的力道。这就是**能级跃迁**。反过来说，在组织里，有很多人只是随着年龄和资历上升到了一定位置，他们的眼界、格局却没有太多的变化，他们并没有跃迁过。

跃迁的底层逻辑在哪里？《科学革命的结构》里提到一个概念，叫作范式（paradigm）。重大的商业和技术突破，往往不是技术突破，而是对于技术的应用和认知方式带来的范式的突破。飞机的发明就是个好例子。

人类一直在尝试发明飞机，他们观察了鸟的飞行，于是认为飞机的机翼应该像鸟的翅膀一样拍动。但是不管怎么努力，都做不出来。但是莱特兄弟换了一种范式——他们思考，飞机的机翼有没有可能不像鸟的翅膀，而是像船帆呢？

这个想法一旦清晰，飞机的原理就呼之欲出，接下来只是如何沿着正确思路改良的过程了。莱特兄弟在 1903 年领先比他们学历、财力都高很多的竞争对手，在自行车修理铺造出人类第一架飞机。飞机的发明不是科技的突破，而是认知范式的跃迁。

同样道理，优步、Airbnb（爱彼迎）的出现并不是因为科技的改变，而是由于我们逐渐意识到，我们可以享有一样东西而不去占有它，这是一个认知的跃迁。

自我跃迁，不仅仅是能力的改变，更是认知和发展"范式"的改变。**心智模式或者说范式的转变，对内提升潜能，对外发现可能，这就是一个人认知跃迁的关键。**

需要强调的是，跃迁并不是不劳而获，它是**个人努力和收益的非线性**，这种非线性通过巧妙地利用科技与社会规律放大而来。这种勤奋不是战术上的勤奋，而是战略上的勤奋。所以跃迁和努力精进并不冲突，只是更强调**在正确的范式下"聪明地勤奋"**。自我精进、终身学习是一切进步的原动力，一个站位再好、加了再多杠杆的人，如果自己不够努力精进，也无法达成跃迁。

第二阶段能力跃迁的要素则是"吸取能量"，即借取趋势和规律。拿爱因斯坦的相对论来说，如果不是之前的大量物理发现的积累，比如电磁的发现、原子假说、波动说和微粒说流派的争论，数学界非欧几何的学科积累（数学家在完全不知道有什么用的时候，活活建立了一个全新的学科！），以及接下来几十年科学技术发展精确到能证明光的偏移，相对论即使更早提出也不会被证实和流传。可以说，在那个时代即使不是爱因斯坦，也会有另外一个人出现，提出这些划时代的理论。爱因斯坦并不是创造了历史，而是让历史从他身上显现。

认知跃迁、能力跃迁和能级跃迁是个人跃迁的三个阶段。聪明的勤奋者已经隐隐约约意识到，今天信息时代的中国，正好是自我跃迁最好的时代，是奇迹年发生的前奏，这是一个已经为个人崛起做好了准备的时代。

只要你升级心智、洞察趋势、聪明地勤奋，人人都是享受时代红利的幸运儿。

掌握时代魔法，或者溺水身亡

我想看《金刚狼3》这部电影，在豆瓣上我找到了《金刚狼》系列前两部的剧情，及其扮演者休·杰克曼的故事——他专注这个角色17年，是家里5个孩子中最小的一个，是著名歌剧演员，是甜食爱好者，为了保持身材17年戒糖。我还知道他的妻子是狄波拉–李·福奈斯，比狼叔大13岁，他们收养了两个孩子。好莱坞有同样恋爱经历的人，还有很多……

但是，

这跟我有什么关系！！！

我可是想买下午两点半的打折票的！

现在卖光了！！

完——全——离——题——了。

三种时代溺水者

如果说注意力迷失是这个时代最常见的场景，下面就是这个时代最令人感叹的隐喻：如果说读书像是在思想的游泳池里畅快地撒欢儿，那上网就像是在大海里游泳，永远看不到地平线。有时候你以为发现了一个岛屿，当你游过去后，却沮丧地发现那只是一个浪头——让你觉得更加虚空。唯一安心的是，身边还有一群同样迷失的人，他们还相互点赞。这群人是在时代溺水的人。

第一种时代溺水者：无法掌握自己注意力的人

今天，对于职场中人来说，能否驯服自己的注意力比是否专业更加重要。过去，知识是内在财富，而手头工作是老板给的，你只需要根据老板的要求输出知识；今天，知识可以从外面供给，注意力却必须内在拥有，你需要调用内在注意力抓取知识。如果你没有驯服注意力的能力，你的时间、思维会被完全打碎，你的大脑就会变成豆腐脑儿。

第二种时代溺水者：无法过滤信息，找不到重点的人

你在网上看到一段话，如何迅速判断真假？是不是真的应该接受这段话传递的信息？如果几个人观点不同，到底该怎么办？每天能听的课、能看的书、能做的事、能用的东西实在是无穷尽，根本学不完，到底该学什么？你身边的人还一个比一个努力，似乎都是机会，又都无从下手，到底该投入哪一个？

你在写邮件，微信上有小红点出现，到底应不应该点开？你在网页上看到一个超链接，是否应该点开？点开多久能发现合不合适？关闭前要不要收藏？收藏以后你又什么时间会看？

美国知名的心理学家朱迪斯·哈里斯说："互联网发布信息的方式，就像从瓶子里倒番茄酱一样，开始太少了，现在又太多了。"

第三种时代溺水者：不理解系统，无法与陌生人联机协作的人

你和多少微信里的好友从未见过面？你们是如何协作的？当你接到一个全新的任务，又没有过去成形的知识，你该通过找谁聊来想通这件事？在一个每天海量信息涌入的不确定性时代，事实是什么不重要，也许一群人能合作解决新问题才是关键。就连物理学家霍金——他通过高科技的帮助每分钟能输入 4 个单词——都在每天和同行用邮件沟通，你难道还在单机思考？

无法掌握注意力　　无法过滤信息　　无法与陌生人协作

时代溺水者

有人想象过未来的工作——大数据了解你的核心优势，每天打开电脑，程序会自动抓取全世界最适配的任务和最佳报酬推送到你面前。你自己选择任务开始工作，你根本不知道谁是你的雇主，以及你在为谁工作。

在《人类思维如何与互联网共同进化》一书里，传播学家霍华德·莱茵戈德说：

> 那些不具有基本注意力素养（包括辨别真假、参与、合作、自我保护意识）的人容易陷入批评家指出的所有陷阱：浅薄，轻信，分神，异化上瘾。
>
> ……我们应该学会管理思维以便使用工具思考而不失重点，我愿意付出代价来获取互联网提供的资源。

管理注意力、判断信息、和陌生人社会协作，缺失这些能力的确会让你溺亡，但当你掌握了这些"时代魔法"，你会成为真正的"超人"。

我们常看穿越到明朝的小说，做成为超人的梦，其实不需要这么远，只需要穿越到20世纪90年代，你都会被当成超人——在他们看起来，每个现代人都有超能力。

神通一：过目不忘

你的记忆力无穷，只要掏出个小玻璃块接上网，你就什么都记得——你记得鹿晗的生日，记得《哈利·波特》系列的全文，记得《史记》某一章写了什么，而且还能倒过来背《穷查理宝典》。要回忆某天的心情，你就直接拉到当天朋友圈的图片，就什么都知晓了。网络帮你记住一切。

神通二：千里眼，顺风耳

现代人的感知力增强了。我父母想在长沙买房，准备坐动车去看看周围情况。我打开百度地图，调出当地的街景，陪他们绕着小区"走"了一圈。此为"千里眼"。我能用微信和瑞典的朋友讨论哲学问题，此为"顺风耳"。

神通三：神决断

你是民意调查专家。你看一部电影，不需要研究它的演员和导演，只要上豆瓣看看评分。中午去哪儿吃犹豫不决？你能通过大众点评"听"到其他顾客的评价，此为"他心通"①。

遇到社会问题，你能听到好几方面专家的声音。想到一个好点子，你会去行业论坛找找有没有类似想法，虽然大部分都是扯淡，但的确有真知。你甚至还能在网上找到专家团给你一对一答疑。这让你的判断力前所未有的清晰。

过目不忘，千里眼，顺风耳，神决断——是不是超人？

不过，要有网。

正如北大教授胡泳所说：人不过是猿猴的 1.0 版。现在，经由各种比特的武装，人类终于将自己升级到了猿猴 2.0 版。他们将如何处理自己的原子之身呢？

---

① 他心通，佛教用语，指无须他人告诉就能知晓他人心思。——编者注

外包大脑，成为超人

行为是思维的产品。行为的变化，是思维的显现，而思维的源头——大脑结构正在发生改变。

研究证明伦敦出租车司机的海马组织（大脑负责记忆的部分）比一般人大，因为他们需要记忆更多的地图。经常玩电子游戏的人会有更好的空间反应能力和眼脑直映能力（真希望当年暑假藏我任天堂游戏机电源线的妈妈能看到这一段）。

2009 年，精神病学教授盖里·斯莫尔（Gary Small）发表了研究论文《谷歌如何作用于大脑》。他找到 24 名研究对象，其中 12 人经常使用搜索引擎，另外 12 人很少用，分为两组。每一个人上网时给他们脑部做核磁共振，研究发现使用搜索引擎的时候，人们大脑中处理问题决策的区域活跃度会提升，经常使用搜索引擎的 12 人在实验中的脑部活动是很少使用搜索引擎的人的两倍。

哥伦比亚大学、哈佛大学以及威斯康星大学麦迪逊分校合作的另一个研究也证实，人们在使用网络时不太会去记住那些琐碎的知识。与此相对的是，他们更有可能会记住从哪里可以找到这些信息。

"互联网已经成为人们将信息储存于大脑之外的外部记忆或者说交互记忆的基本形式。"研究人员总结说。

就像今天，我们不再给硬盘扩容，而是直接上传到云盘。小企业主外包了周边业务，聚焦核心业务。**人类也要把自己大脑外包一部分，聚焦最重要的能力，跃迁成超人。**

我知道你会说，这太可怕了——这样下去，人类会变傻子了。

事实并不是如此。人类历史上大脑已经发生了三次外包，一次比一次聪明。

第一次是语言产生的时候。正是通过语言，单机式的大脑变成了联机式的：通过讲故事，人类可以一起协作打败大型动物，而通过八卦，人类可以走出 150 人的小圈子，与陌生人协作。《人类简史》一书很翔实地解释了这个"讲故事让人类进化"的概念，并称之为认知革命，其实是独立思考和工作的外包。

这次外包以后，**人类从个体蛮力走向群体协作，讲故事成为新技能。**随之是智人打败所有种群，主宰地球。

第二次外包是书写和印刷术的出现。书本极大程度提高了人的记忆力、思考深度和影响力。有了文字，我们才不用什么都记，这让记忆容量扩大；一些复杂的运算和逻辑推理，只有写下来才有可能实现，这让我们思维变得精确；而有了书，这些思想能传播很远很久——你今天还能读到古代庄子和远方的亚里士多德。

这次大脑外包，人类走出了**语言短暂又不精确的限制，读写能力成为教育体系新宠**，随之是科学、人文、经济领域的大爆发。

第三次外包就是互联网的出现。这次我们把记忆能力外包给了搜索引擎，把协作外包给了网络，把体力和职能外包给了机器。这一切的底层逻辑都是网络——网络提高的不是记忆力，而是到达速度。那些信息在书里面也有，所不同的是拿到信息的速度。当线上搜索的速度比线下快，你就倾向于上网找资料。当发微信比走到隔壁同事面前说话快，你也就选择了网聊工作。如果有一天电脑比人还好使，你就会使用电脑。这一切正在发生。

这次外包，必然也会有一些技能减弱，而有一些技能则需要百倍增强——**大脑不该用来记忆，而是要用来观察、思考、创造和影响他人。这本书谈到的，就是这些在新时代高手必备的认知、一定要理解的社会规律，以及必须掌握的技能。**

这一次外包，又会带来什么变化？这个我们确实不知道。我们知道的是：第一，会带来人类历史上前所未有的巨大变革和机会；第二，大家都既怀有希望，又焦虑、恐慌。

我理解这种焦虑——每个做管理者的人，都经历过第一次心惊胆战的授权。人类这个精明的小企业主也一样，一边外包，一边担心自己的核心业务被外包商学会，一边又想在新业务上获得跨越式成长。所以每个变革时代，在每个大脑外包的巨大机会面前，人类都会出现焦虑和恐慌。

外包大脑

老人家觉得年轻人堕落，世风日下；中年人担心新的发明太可怕，自己要被取代，因而感到恐慌；青年人则很兴奋，直呼大好机会，但是又焦虑得要死，不知道如何着力！好玩的是，等到年轻人自己到了中年和老年，又都忘记自己曾经要颠覆世界的决心，和父辈一个熊样儿。

所以，自有文明以来，关于世界末日、世风日下和颠覆世界的论调从来没有停过。

比如说，语言学家总担心今天的字符脸" :)"" %>_<%"或者"不明觉厉"这种词会毁掉我们的大脑，让我们失语。但是最新的证据显示，"90后"的读写能力并没有变差。反倒是历史学家发现，早在玛雅时代，那时的老人就抱怨年轻人越来越不会说话，败坏了他们的语言。我们今天的语言学家保护的"经典"，恰恰就是以前的人痛恨得要死的"世风日下文"。

其实他们都想多了。每一代人在时代中都有自己的站位，时代不淘汰新人，也不淘汰老人，只淘汰站着不和它玩儿的人。

几年前热炒"90后"创业者要干掉全世界，但喧嚣过后，你发现最后跑出来的，是"60后"投资人，"70后""80后"CEO和"90后"小朋友的组合。复杂世界需要复杂结构，少了谁都不行。

写这么多，是想提醒本书的读者，别担心世界末日、世风日下或计算机统治人类这种事。人类作为一个群体，前途光明。还是关心下我们自己吧——互联网最大的特征就是强者更强，弱者更弱。**未来是一个个体崛起的时代，却不是每个个体都崛起的时代，顺应时代的人跃迁式崛起，其他人舒服地被机器圈养，这是一个留下少数巨人、一堆侏儒的时代。**

这个时代信息变多，思考变浅；机会变多，竞争跨界；随时干扰，永远在线。德国作家赫尔曼·黑塞在其名著《在轮下》里写道："面对呼啸而至的时代车轮，我们必须加速奔跑。有时会力不从心，有时候会浮躁焦虑，但必须适应。它可以轻易地将每一个落伍的个体远远抛下，碾作尘土，且不偿命。"

当大潮来临，有人指指点点，有人漠不关心，他们肯定会被劈头打蒙，顶着一头湿发狼狈地浮上来。而那些时代的高手看准趋势，理解规律，踏上技能冲浪板，顺流而下，成为新时代的弄潮儿。

接下来我们会讨论几个变革中最重要的话题，并且谈谈成为时代高手的技术。

• 如何识别机会，自我定位？

- 如何不重复低水平勤奋，巧妙地用社会杠杆放大个人努力？

- 如何成为某一个领域的高手？

- 如何应对学不过来的知识焦虑？

- 如何理解并创造性地解决问题？

- 如何保持内心的从容？

- 如何面对复杂的陌生人社会？

这本书的框架就是针对这些问题铺开：

超越个体努力，借助社会杠杆成长的**高手战略**；

停止单机式学习，成为联机式学习者的**知识 IPO 法则**[①]；

跳出平面思维，创造性解决问题的**系统思维**；

摆脱农业思维，在当今时代成为幸福的**高手的内在修炼**。

---

① IPO，是输入问题（input a question）、解决问题（problem solving）和输出产品（output）英文首字母的缩写。——编者注

 跃迁 时刻

利用规律，放大努力

- 时代特征：信息变多，思考变浅；机会变多，竞争跨界；随时干扰，永远在线。

- 三大趋势：调用知识而非记忆知识，联机的独立思考，人机合一。

- "高手"都懂得利用更底层的规律，激发个体的跨越式成长——这是他们鲜为人知的"暗箱"。

- 自我跃迁的三个阶段：认知跃迁、能力跃迁和能级跃迁。

- 外包大脑：把不重要的技能外包，聚焦核心技能的跃迁。

02

高手战略

在高价值区，做正确的事

处处有机会，就等于处处没机会；竞争越是开放，个人越需要打磨深思熟虑后做选择的战略能力——找到那些"更少但是更好"的事。

请思考：相比过去十年，我们身边的机会是多了，还是少了？

在 App 市场刚爆发的那几年，人人都是产品经理，在中关村行走的每个家伙都有一个 BP（商业计划），打开能给你讲一个宏大的故事——相比 PC（个人电脑）时代，移动互联时代似乎有更多机会成功。但相比 PC 时代，App 时代的赢家其实更少。今天手机上 App 大致有社交、娱乐、购物、教育、旅游、生活、新闻、效率工具、导航九大分类，每一个类别里的前三位基本占据了 80% 的流量（比如新闻类别里的腾讯新闻、今日头条和天天快报），[①] 竞争更加激烈的类别占据大多数流量的也许只有两家，如支付领域的微信和支付宝。而其他成千上万个小 App 细分了剩余市场。

今天能改变你命运的好书是多了还是少了？随着出版业的发展和网络内容产品的出现，高质量的书肯定是多了，但是与你需求无关的、低品质的书却也更多。过去读书人手头的书并不多，

---

① 资料来自大数据公司 QuestMobile 2016 年 12 月数据。

但流传下来的知识含量很高，都是经典。但今天，你大部分时间都在看朋友圈的文章，点开标题之前，你甚至不知道里面写的是什么。

个人发展也是一样。新技术、新概念每几年就有一波，撩拨你的心弦，比起过去 10 年，未来好像总有机会。大佬们天天告诉你，需要专注、可以跨界，还能做"斜杠青年"，这简直是说一个人能同时在好几个领域有很多机会。

但是处处有机会，就等于处处没有机会。因为强者跨界比你跨得更远，专注者则比你前进得更快。以前这些人还被局限在自己行业内——你产品经理再牛，我是一个作家，和你没有竞争关系。但今天一个产品经理组织资源开始做内容，不一定不如作家。今天的机会多了 10 倍，而竞争者则多了百倍。

今天是一个机会更多，但概率更小的世界。处处有机会，就是处处有竞争。越是开放的市场，越是需要专注于核心竞争力。越是开放，越是聚焦——这是一个高手的时代。**当资源丰富时，选择的能力比执行更重要。读书、识人、修炼不是重点，关键是读哪些书？认识什么人？修炼什么能力？抓住哪个机会？**

这些问题，仅凭努力已经不可穷尽，需要你有一种**深思熟虑后做选择的战略能力——**要找到那些"更少但是更好"的事。

歌德说："如果你要指点四周风景，你先要自己爬上屋顶。"他的意思是，只有站在顶端，才能看到真正的世界，大部分的站位决定了你只能看到街景，看不到风景。我也一直有个观点，要学习一项技能，就要先研究这个领域第一线的高手。只有站在高手身边，与伟大同行，才有可能真正领略到他们的世界。

研究战略领域的最佳人选，过去是将军，今天则有可能是最一流的投资人，他们的工作有三个特点。

1. 投资人的主要工作就是决策和选择。对于投资股票来说，大部分人执行力相若。今天面对股票市场，你的执行力和股神没有什么区别。投资者主要拼的是做选择的能力。

2. 投资人做更多的战略决策。你一辈子大概能选择 5~7 家公司，3~4 个行业。而投资者每年要在近千家公司、十多个领域里高频地做选择。他们是需要做出最多决策的人。

3. 投资人更需要战略眼光。和大部分人希望今天投入明天就获得收益不同，一个基金的回报期至少是 5~7 年，产业投资周期则长达近 20 年。投资关注的是长期收益。有趣的是，5~7 年正好也是一段职业生涯的回报期，基于这个周期思考，你不会纠结于"我这个月工资比同学小王低"之类的想法。

投资人是战略高手，他们需要判断公司的投入产出比。反过来说，我们又何尝不是自己的天使投资人、不需要这种判断力呢？

你投入练习，产出技能；投入享乐，产出体验；投入情感，产出关系；投入学习，产出认知。每个人都是自己的投资人——早上拿到 24 小时的时间精力，晚上账户结算，第二天早上重新开始。决定一个人几年后不同的，正是那些你睡着以后，能够持续迭代的东西。

所以，我们要向投资高手学习人生定位和发展的个人战略能力。

只打甜蜜区里的球

来自棒球之神的投资理念

巴菲特，股票之神，连续 17 年《福布斯》全球富豪排行榜第二，关于他的财富故事实在太多，本书就不再重复了。

在巴菲特最受追捧的几年里，企业家流行去买一股伯克希尔－哈撒韦公司的股票，参加每年 5 月在奥马哈举办的股东大会，听一天股神对于投资的思考，感受一下财富的气味，然后去巴菲特著名的没有计算机的办公室参观。

参观的人往往会被他办公室里的一张美国棒球手的海报所吸引。海报中的棒球手正准备挥杆，而旁边是一个由很多个棒球排列成的长方形矩阵，每个棒球上都有一个数字。巴菲特会跟人介绍，这是对他投资理念影响极大的一个人。

一个投资者能从一个棒球手那里学到什么？这位被巴菲特放在办公室里的人，在热爱棒球的美国人心中，也许比巴菲特更伟大——他就是波士顿红袜队的击球手泰德·威廉斯（Ted Williams）。

泰德在棒球界的位置，一点儿不比巴菲特在金融圈的低。

他被称为"史上最佳击球手"，美国职业棒球联盟中最后一个年度击打率在 0.4 以上的球员[①]，位列美国《体育新闻》（The Sporting News）杂志评选的史上百位最佳运动员第八位。

泰德在其影响深远的教科书《击打的科学》（The Science of Hitting）中，提出一个观点：高击打率的秘诀是不要每个球都打，只打"甜蜜区"[②]的球。正确地击打甜蜜区的球，忽略其他区域的，就能保持最好成绩。

"要成为一个优秀的击球手，你必须等待一个好球[③]。如果我总是去击打甜蜜区以外的球，那我根本不可能入选棒球名人堂。"

他把击打区域划分为 77 个，每个区域只有一个棒球大小。只有当球进入最理想区域时，才挥棒击打，这样能保持 0.4 的击打率。如果勉强去击打位于最边缘位置的球，他的击打率会降到 0.3 或 0.2 以下。所以，对于非核心区的球，任其嗖嗖从身边飞过，绝不挥棒。

---

① 在职业棒球界，0.3 以上的击打率就可称为优秀打者，年度击打率超过 0.4 是神话一般的存在，美国职棒目前仅有两位打者击打率超过 0.4。——编者注

② 甜蜜区是指击中概率较高，适合于把球打到合适区域的击球区。——编者注

③ 好球和坏球为棒球术语，好球指投入到好球带的球。——编者注

图片来源：《击打的科学》

　　这个策略听上去简单，实战运用时其实需要强大的定力，尤其是在重要赛事的胜负关头。几万名球场观众的神经就像吊了千吨货物的细钢丝，随时都会绷断，大家眼巴巴地看着你，希望你击出安打。这时候一个低球慢悠悠地进入非甜蜜区，像是个唾手可得的好机会，要不要试试看？要是不打，全场嘘声。这时要坚持"只打高价值的球"需要强大而冷静的内心，以及对于规律的定见。

　　棒球比赛有两类击打者。一类人是什么球都打，每次都全力以赴，力求全垒打[①]。这需要很强大的力量和体格，很多人甚至服

---

　　①　全垒打为棒球术语，指将球击打至全垒打墙外，且球在界内。——编者注

禁药来提升力量。另一类人则是聪明的击打者，他们的先天条件不一定好，但是很聪明。他们只击打高概率的球，也不强求全垒打，只求把合适的球打到没有防守队员的地方。排名前十的击球手，都是后面这类人。泰德·威廉斯显然是后者中的高手。

高手就是在高价值领域，持续做正确动作的人。

巴菲特从泰德身上学到了什么呢？他学到的东西叫作"专注于高价值区"。在2017年的纪录片《成为沃伦·巴菲特》中，巴菲特说：

> 投资领域，我在一个永不停止的棒球场上，在这里你能选择最好的生意。我能看见1000多家公司，但是我没有必要每个都看，甚至看50个都没必要。我可以主动选择自己想要打的球。
>
> 投资这件事的秘诀，就是坐在那儿看着一次又一次的球飞来，等待那个最佳的球出现在你的击球区。（很多时候）人们会喊——打啊！
>
> 别理他们。

巴菲特和比尔·盖茨很早就是好朋友。比尔·盖茨的父亲邀请巴菲特共进晚餐时，让他们俩玩了一个游戏——在手上写一个对自己影响最大的词。两个人的答案竟然完全一致：

Focus（专注）

巴菲特在纪录片中还说道：

> 股票的确有一种倾向，让人们太快太频繁地操作，太易流动。人们很多年来发明了各种过滤器来筛选股票。**而我知道自己的优势和圈子，我就待在这个圈子里，完全不管圈子以外的事。**定义你的游戏是什么，有什么优势，非常重要。

所以，即使巴菲特认识比尔·盖茨多年，能够拿到第一手的公司内幕消息，巴菲特也从未投资微软，因为当时互联网公司在他的能力圈以外，即使有看上去很好的机会，他也不"击球"。

股神巴菲特的投资理念：**只投资高价值、可迭代、有护城河的公司**，其他的不看；不求短期获利，只看长期获利，尽量少动。棒球之神泰德的理念则是：只击打进入"甜蜜区"的球，不求全垒打，但求结果最优。

看上去巴菲特和泰德采用的是世界上最稳妥、最保守、动作最少的打法，但偏偏这两个人是全世界最强的进攻者——一个是投资界赚钱最多的投资人，一个是棒球界年度击打率最高的选手。

高手都在持续做那些"更少但是更好的事"。

大蛇的战略

亚马孙流域，有种叫作森蚺的巨蟒，是全世界最长、最重的蟒。成年的森蚺能长到 30 英尺（约 9 米）、300 磅（约 136 千克）重。如果这家伙完全伸展开，有两辆小汽车那么长。

更厉害的是森蚺的强壮，它全身有 1 万块肌肉（人类有 639 块），简直是条肌肉箭。没有对比就没有伤害，人类的健美冠军就相形见绌了。

如果你被森蚺缠上，森蚺能产生每平方英寸 90 磅（约 6.4 千克）的压强，相当于在你胸口（25cm×25cm）上停了辆 4 吨的卡车，你会听到自己肋骨折断的声音。1997 年电影《狂蟒之灾》就是以森蚺为原型拍摄的。

总之，这种蟒是亚马孙雨林里的大神，站在食物链顶端。

森蚺读起来不顺口，我们就叫它大蛇吧。王熙凤说"大有大的麻烦"，大蛇也有。一般的食物都喂不饱它，它需要大型猎物，但大蛇的巨大身体，又不允许它追逐太远。

大蛇发展出来自己独特的捕食方式。它先找准树荫边的水源——这是水鸟、龟、鳄鱼频繁出没之地，盘在树下，一动不动，静静等待猎物上钩。

刚开始，周围的小动物都看得明白——哎呀，这是蛇啊，不去不去——没有任何动物敢靠近。一天、两天、三天，它一动不动，树叶掉在大蛇身上，苔藓慢慢长出来，盖过了大蛇身上的味道。

三天、四天，开始有虫、鸟在它身上跳来跳去，甚至有松鼠就落在他嘴边，只要张开嘴就能吞进去，饥饿的大蛇还是一动不动。这时，小动物慢慢开始接近，心想这也许就是一个形状像蛇的木头吧。

潜伏到第 10 天，几只年幼的水鸟大着胆子到水边喝水，好奇地看着这堆有点儿像蛇的木头。还有几次，有一头调皮的斑马甚至轻快地从它上方越过，但大蛇还是一动不动。大蛇在等什么呢？等一个巨大的机会。

直到有一天，也许是一只羊、一头鳄鱼淡定地走到水边，背对着它，毫无防备，鳄鱼的尾巴就在它的鼻子前晃动——时机到了！

大蛇，这条盘踞十多天的大蛇，像一根粗大的黑色弹簧一样突然蹿起。鳄鱼的肌肉刚绷紧想逃脱，却已被黑色巨龙般的鳞片卷在了中间。

大蛇开始缓缓地施展它的恐怖绞杀。很快，鳄鱼的血液停止循环，不再挣扎，被大蛇一口吞下——这食物能让它生存一个月。它找到一个水边的树荫，盘起来，慢慢消化，等待下一个猎物。

大蛇战略

我不经意间看到纪录片中的这个细节，惊叹于这条大蛇的战略。

大蛇显然不知道自己用了什么"战略"，但亿万年的自然选择让它找到了最合适的打法。大蛇的战略很清晰：

- 找到甜蜜区：水边大树旁，耐心等待；
- 战略性专注：只盯着大型猎物，战略性忽略小动物；
- 等待机会：用最不取巧的方式攻击——绞杀。

这个打法和巴菲特、泰德的方法何其相似！

至今我们已经看到，投资界、棒球界以及自然界的三个顶级高手，都选择了同一种战略，我称之为"高手战略"：找到高价值区，战略性专注，用最有把握的方式取胜。

新东方名师的崛起路径

盯住高价值区？也许有人会说，这不就是现代版的"守株待兔"吗？未免太消极了吧？恰恰相反，大蛇可以千百年守在亚马孙雨林的水边，因为它的生态环境并没有太多改变。今天的社会选择太多、变化太多、不确定太多，需要你非常努力地观察、发现和验证，最终才能逐渐通过乱象，发现高价值区。

也许你会有疑问：为什么你不直接告诉我哪里是高价值区，而是专门写一本书讨论这种技术呢？

第一，高价值区往往是反直觉、说了你都不信的区域。

我们都有经济学常识，如果每个人都知道这件事，"人傻钱多速来"，这件事马上就变成低价值的了。这些区域不仅是高价值的，而且常常是反直觉，甚至在别人眼里很傻的。

第二，高价值区需要高竞争力。

越是高价值区，越需要高竞争力。如果没有大蛇的身板，河边等待的策略未必有效；如果没有巴菲特的耐心，价值投资不一定能成。

第三，高价值区随着时代在改变。

不信？让我们来举个例子，看一群年轻人如何通过使用高手战略，实现跨越式成长，成为新东方名师。

2016 年被称为"知识付费元年"，2017 年发布的《中国分享经济发展报告 2017》显示，中国知识分享市场初具规模，2016 年知识领域市场交易额为 610 亿元，同比增长 205%，使用人士超过3 亿。

我在第一章提到的——培训和表达能力会从一门专业技能变成通用手艺的预言已经成真。近年所有厉害的内容创业者、培训师都不再是只会讲课的全职培训师，而是掌握了讲课这门手艺的各行业的一线高手。

今天如果你也希望做出自己的内容产品，或者未来成为某一领域的优秀培训师，有哪些更快的方式？

答案众说纷纭。不过我们的确应该研究下这个时代的高手的出处。今天你看到的知识付费大潮中的一众名师：罗永浩、李笑来、艾力、李尚龙……走得更远的教育家俞敏洪，天使投资人徐小平、李丰，学者王强……他们都来自一家叫作"新东方"的培训机构。

新东方为什么会在上一个 10 年突然涌现出来那么多名师？这恰好是我在 2006 年研究的话题。那一年我在新东方国外部讲GRE 词汇，刚被选为第一届新东方集团培训师。俞敏洪老师希望我研究下"优秀教师的能力素质模型",并最终把成果整理成"教师之轮"体系,帮助更多老师成长。

这个研究调查了 100 多个老师,包括来自大学、中学以及新东方等其他培训机构最优秀的老师,综合出 5 项核心技能,每个好老师都有这 5 项技能。

1. 专业知识:在所教授的领域,拥有系统的、科学的、可验证的知识;

2. 课程设计:掌握根据学生不同需求合理设计课程的能力;

3. 呈现能力:如何通过语言、动作及包括课件、多媒体在内的形式去表达;

4. 个人魅力:独具特色的人格魅力;

5. 积极心态:积极的心态以及重视内在修炼的系统。

教师之轮

根据这 5 项核心能力,我们设计出一个"教师之轮"培养体系,提升老师这 5 项能力。通过"教师之轮"体系培养新老师的效果很好，能力有显著的提升。

在这期间，我发现了一个有趣的现象：同样的训练课程中，有一群人的成长速度远远超过了其他人——他们不是因为比其他人更加聪明或者努力，而是采取了更加聪明的学习路径。

第一次跃迁：用二八法则高效成长

虽然老师同时都需要拥有"教师之轮"的5项技能，却有两种学习路径。一种是"快速循环型"：快速绕着整体5项能力跑一圈，先学最精华的，然后换一项继续练。另一种就是"深耕稳健型"：老老实实在一个领域先做到100分，然后再进入下一个领域。

过去的教师成长，往往有一个误区：培训机构的老师在听完优秀老师的课程后，都会以为自己专业知识不够，开始投入大量的专业学习——这一学就是一年。一年内你四处学习听课，发现要学习的越来越多，于是一直学下去。两年过去，你出师了。你花了百分之百的时间把专业补到百分之百，但还是发现远远落下了——为什么呢？

最聪明的老师懂得"二八法则"——先投入20%的时间，把"专业知识"提升到80分，然后开始研究"课程设置"板块，同样不求百分之百，快速达到80分；下一步是研究怎样才能把它讲得更好的"呈现技巧"，怎样让自己显得更有魅力，最后调整一下自己的学习模式和状态。

这样下来，用单项投入100分的精力，能在5个分项里分别拿到 80 分，成为一名 400 分的老师，而相比之下，那些"特别专业"的老师，只有 100 分。仅仅由于学习路径不同，就有 4 倍差距。利用"二八法则"，"快速循环型"老师达成了第一次跃迁。

与其用 100% 的精力学习一个领域的 100%，不如用 80% 的精力学习每个领域 20% 的精华。

我们为什么要开眼界？为什么要读经典书籍？为什么要见大师？为什么要学习底层逻辑？就是需要看到体系、看到全貌，才不会执意在某一个子系统里做到 100 分，而是利用"二八法则"快速跑通循环。要理解现代社会，这种对于经济学、心理学、科学史、复杂系统底层学科的基础知识的学习，很有利于建立全局视野，走通循环，我们在第三、四、五章会反复提到。

但这仅仅是拉开差距的第一步。那些用很多时间学好专业的人会认为，虽然我起步慢，但是基础稳啊，我可以用这个方式慢慢地用 5 倍的时间，学到 500 分。

其实他们来不及了，因为 400 分老师获得的细微优势，在未来两步跃迁中，将会被百倍放大——优秀不仅是个体现象，更是系统的显现。马太效应开始发挥作用，把优秀老师推上了名师的位置。

第二次跃迁：利用系统放大名气

第二次跃迁，是如何成为名师的关键一步。

如果你是一个学生，会如何评价一名老师？

内部看打分，外部则要看名气——当时参加出国考试的主要是大学生，老师的口碑在考生之间传得很快。如果有谁考了高分，教他的老师就会被认为有更好的方法论。

现在，400 分的老师在打分、学生反馈上都有了细微优势。所以业务部门会给这些老师排更多的课。更多课程一方面意味着让老师有更多锻炼的机会，另一方面会带来更多数量的学生。这样一来，即使教学方法和水平完全一致，也注定会有更多学生的成功案例和更好的口碑，这又进一步放大了老师的名气，带来更多排课，一个自强化的正循环产生了。

高分（打分系统）→ 更多排班 → 更多好学生（口碑）→ 更好名声

高频次的排课则把这个正循环的迭代速度拉得极快。

我翻了翻我 2005 年新东方暑假班的日记，在约 60 天内，我上了 20 期共 160 节（两个半小时一节）词汇课，讲座 5 场。按照每期 8 次课、每个班 300 人、每场讲座 1000 人计算的话，大概是 6000 人上课，5000 人听讲座。

面对这样大的讲课密度，课程研发和设置只能放在不太忙的平时。暑假班的讲台要求老师必须反复打磨口才，展现个人魅力。往往一期暑假班结束，聪明的老师能走完一两圈教师之轮，从优秀老师成为有魅力的名师，跃迁至另一个层次。

在 2005 年的新东方，名师正是在这样的机制下迅速地从各个教室、各个分校中涌现出来，成就了诸如罗永浩、李笑来、陈向东、戴云、张晓楠、翟少成、齐文昱、陈虎平、周思成，哎呀，还有我……这些一代名师。

通过专注于授课能力、扩大授课范围，他们迅速建立了自己的个人品牌。

到此，新东方通过"打分—排课—口碑"的名声放大器，迅速放大了一些老师的个人品牌，一代名师开始出现。

这种平台和个人双赢的机制你今天能反复看到。每个平台刚刚升起的时候，都需要一两个奇迹和传奇。直播平台收入千万元的当红主播、知识分享平台的知名网红、电视台的知名主持人，都经过这样的筛选机制，让一群新面孔迅速闪亮，达成跃迁。

但是接下来更有趣的契机是，名师之间开始互联，让新东方企业文化通过某种方式有了更多的二次发酵——如果说打分放大器是刻意为之，那我想连俞敏洪老师本人都没想到过接下来出现的文化放大器。

第三次跃迁：与最优秀大脑互联

名师的互联始于大班时代。

开设大班是为了节省成本，学校将大量的住宿班放在了北京郊区。老师往往不愿意住在那边，所以新东方配备了专车，每天早上提前一个半小时接老师上车，有一个有上下铺的小房间，供老师中午午休。

这种大班是新东方的核心班级——可以想象，越是排课多的名师，彼此见面的频次越高。好多天，开往郊区的车门一开，发现坐的都是同一拨人，位置都没怎么变。这些顶级的头脑开始联网——按照今天的说法，开始形成圈层。

每次来回的路上，大家都聊聊自己见到的有趣的事、好玩的见闻、自己的授课心得、学生的段子。段子、故事、价值观就在车里、午休时、路上的扯淡中一次次地交换和强化，让这个群体涌现出一种个体头脑之上的"气质"。

这种气质后来被外界称为"新东方精神""新东方风格"。我曾经不止一次讲完课，有人走过来说，"你是新东方的吧，听得出来"。到底是什么气质，作为其中一分子，我反而浑然不觉，但是就是有。

除了气质相投，更重要的是情感联结和信任的积累——这些老师之间结成朋友、伙伴和未来创业的合伙人。一整代后来在各界创业、成名，占了教育培训界半壁江山的CEO就这样涌现出来。

俞敏洪老师在一篇文章中说："我们可以去分析各种各样的数据，分析各种各样的行为，但是新东方之所以是新东方，因为我们这群人加在一起形成一种动能，形成某一种暗物质，这种暗物质不知不觉在推动新东方的前行，让新东方区别于一般的纯粹的商业机构。"这种文化暗物质，就是系统科学里面的"涌现"。

直至今天，再无一家机构能像新东方这样，一方面稳步扩大集团规模，一方面源源不绝地出产个体名师，提供给整个行业精神和气质。

果壳网创始人姬十三和我聊过这个问题，他说，难道不是因为当年新东方聚集了从海外回来的"大牛"吗？他们本来就很优秀。

第一代名师，如王强、徐小平、杨继……他们的确是这样。但第二代名师才更是我们学习的对象——他们家庭背景一般，并非来自名校。虽然各自有天赋，也很努力，但并没有比其他老师努力上千倍。

新东方一代名师的爆发，是巧妙地**抓住了知识杠杆、利用平台红利，以及和最优秀的人联机涌现**的结果，是自然和社会规律的放大器。看懂了事物背后的规律，每个人都有机会推动自己跃迁。

另一种路径：学而思的小班战略

回头再来看看，另外一家著名培训机构"学而思"，他们用同样的思路，走出了不同的路径。

CEO张邦鑫也是个极有战略思维的人——他从一起步就想得很清楚：想做第一名。而要做第一，先要找一个能做第一的领域。

大家都做大班，我就专注小班。大学是热点，我就做中学；都在做英语，我就从奥数切入。即使暂时不是第一，也要找到有机会能做第一的领域。

他找到了自己的甜蜜区：聚焦教研。

教研是那种可以越做越好的，而且客户价值很高的事。中学培训主要目标是提分，分数对于孩子的价值毋庸置疑。中高考考试范围有限，考试逻辑相对稳定，教研很有规律，这些特点让这个领域简单、可迭代。父母市场是个口碑市场，一旦做出口碑，续班率是教育培训界最好的护城河。

据说，学而思的教研标准化能做到这个程度——在北京上课上到一半，家长想带孩子去上海玩，问是不是可以停几天，回来补上。

教研负责人说，不要紧，你带上课本，直接去上海的学而思接着上就好。

到了上海，发现内容完全接着北京的课，严丝合缝。

小班时代，产生名师的机制不再，教研成为新的甜蜜区。深耕教研、以家长口碑为护城河，学而思抓住这两个点迅猛成长。

张邦鑫坚定不移地继续他的头部效应——培优，而不是补差，即只找最好的孩子培养。因为好学生会带来好口碑，而把差生补好太难了。在单门课程没有做到第一之前，不开其他课程。

最反直觉的是第三条：即使有广大的全国市场，学而思并不随便开分校，除非有把握做当地第一。分校的校长甚至收到这样的命令：不允许迅猛扩大、快速开校区，除非第一个校区的口碑成为当地第一。他深度理解聚焦高价值的头部带来的效应。

2010 年，学而思改名"好未来"，在纽交所上市。

其实无论是教师的个人成长、个人品牌的成长还是机构的成长，都符合一个原则——专注高价值的头部。

"教师之轮"看到了所有教学要素：先学会每个子模块的 20%

的精华，整体形成个人优势。

名师通过占领核心科目最大的班级，通过平台和学生的放大，快速形成个人品牌。

新东方精神是让最优秀的20%的老师形成互联的小圈子，整体形成企业气质。

中学教学市场，好未来专注教研，挑选最优秀的学生。

好未来的市场领域，是专注于每个市场的头部，形成战略优势胜利。

什么是好的战略？

好的战略就是达成"投入和产出的非线性"，用80%的时间学习20%的精华，快速占领赛道的头部，吸引最好的资源，互联最好的人才，共同成为第一名。

头部为什么会有这样的神奇效应？这来源于一个现代社会我们每天在用却不甚了解的规律——幂律分布。

幂律分布：发现身边的高价值区

　　1895年，意大利经济学家维尔弗雷多·帕累托（Vilfredo Pareto）在研究国家的财富分布时，发现了一个很有趣的现象——每个国家的财富都呈现出一种分布方式，少部分人占据了大部分财富，而大部分人拥有少量财富。在坐标轴上，这是一个头部严重向左靠拢，还拖着长长尾巴的分布。

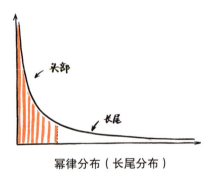

幂律分布（长尾分布）

　　用数学语言表达就是"节点具有的连接数和节点数的乘积是一个定值"，被称为幂律分布（下文简称幂律）。简单说，在一个系统里，如果拥有 1 万元的人有 10 个，那么拥有 1000 元的人就有 100 个，而有 1 万人只有 10 元钱（数学晕的请直接跳过，不影响阅读）。

幂律的第一个特征，就是高度的不平均。最通俗的表达就是"二八法则""马太效应"或者是"长尾理论"。20% 的客户带来 80% 的生意，20% 的人占有 80% 的财富，20% 的词汇表达了 80% 的信息……

很快，科学家陆续发现这种分布方式在自然界和人类社会处处皆是——地震爆发的频次，月球上陨石坑直径的分布，语言中单词的分布，国家人口的分布，网页点击的次数，论文被引用的次数，奥斯卡奖项的分布，全部都符合幂律定律。这种分布被称为"可预期的不均衡"。说白了，**不公平就是大自然的一种常态。**

这种不公平的程度是远超乎想象的。美国 2015 年 GDP（国内生产总值）是 17.9 万亿美元，排世界第一；图瓦卢 GDP 3400 万美元，排在倒数第一，相差近 53 万倍。1% 的美国人拥有美国 34% 的财富。一半以上的维基百科词条是由占世界 0.7% 的人编辑而成的。中国也是一样，大部分人的年收入在几万元到几十万元之间，马云 2016 年财富增幅高达 820 亿元。为了避免受刺激，就不算多少倍了。

幂律的第二个重要的特色，是分形（fractal）。分形就是"一个图形细分后，每一个部分都是整体缩小后的形状"。

最常见的分形是海岸线，你在世界地图上会看到大陆板块弯弯曲曲的海岸线，如果用谷歌地图放大 10 倍，你会发现放大的每一段海岸线依然是这个形状；你再放大 10 倍，海岸线的形态都依然是相似的。同一个形状在不同大小尺度下一再重复，就是分形。这种情况在自然界随处可见。人体肺叶细胞和陆地上的河流流域很类似，叶片、雪花上，你都能看到这种分形的现象。

谷歌地图俯瞰埃及海岸线

树叶和冰花上的分形

图片来自网络

社会系统也是一样。城市间的 GDP 符合幂律，这些城市里的企业规模符合幂律，这些企业里的部门重要程度符合幂律，这些部门里的人员重要程度符合幂律，具体到一个人，做事情的投入产出比也符合幂律。

效率源自杠杆点

幂律无处不在，给我们的一个最重要的启示是：社会和自然的大部分系统都有重点，做事情一定要抓重点，持续地抓住重点，就抓住了最高效率的关键。

你若在一个三线城市的小公司的小部门工作，你的部门其实有重点。每天的工作看上去都是同样无聊，其实也许和某个领导某个时刻的沟通特别重要，会影响你一辈子，而其他工作可能做到 80 分就很好。你现在读的这本书，也一定有一部分比其他部分更加重要，一旦看明白了，就抓住了书的大部分。我也专门用加粗、标题、图示、序言强化了它们。

这种利小的投入能撬动更大收益的工具，就是杠杆。幂律告诉我们，每个系统里都有杠杆点，找到这个杠杆点，能迅速放大一个人的努力，达到事半功倍的效果。

幂律分形，意味着刚才提到的系统的重点都能继续再分，找到更微妙的重点。杠杆点上，还能继续加杠杆。

以二八法则为例。大家只知道 20% 的投入有 80% 的收益，其实进一步想想，这 20% 里依然遵循二八法则，有 20% 的 20%。同理再推进一层，我们可以找到二八法则的三次方：找到 20% 的 20% 的 20%，收获 80% 的 80% 的 80%。你的效率就是别人的 64 倍。

二八法则：20% — 80%

二八法则二次方：4% — 64%

二八法则三次方：0.8% — 51.2%

当然，最难的是在变化的世界里持续找到那核心的 20%。这个最难，但也最有价值。一家公司从天使投资到 B 轮，天使投资人大概会以 100 倍收益退出，付的就是这个当年发现 20% 的钱。

找到事物的核心杠杆点需要大量的观察和思考，然后抵抗住各种诱惑，坚定地持续专注这 20%，这需要强大的定力。这是投资的思考方式，也是自我投资者——高手——最重要的战略。

如何应对阶层分化

除了幂律，你会发现另一种分布在自然界也很常见，就是正态分布，也叫泊松分布。这种分布你熟悉得多，是一个倒 U 形的曲线，大部分人都是差不多的，杰出和特差的都是少数。

比如身高，全世界最高的成年人身高 2.72 米，体重 222 公斤；最矮的成年人身高 55 厘米，体重 12 公斤，但是大部分人都在这两者之间（医生、建筑师和裁缝是幸运的）。你我的智商、颜值、体重……大部分自然界生物的参与，都是正态分布。正态分布展现出来的，是和幂律完全相反的平均主义。

单独看这两个常见的分布模型没什么感觉，放到一起，就很有趣。

马云也许的确比你勤奋，但是不至于勤奋上百万倍吧。为什么明明智商和努力程度差距不大，却会形成差距巨大的财富积累？

你和明星的颜值差距并没有几万倍，但是为什么名气会差距巨大？

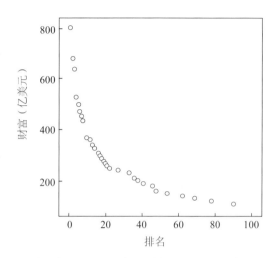

幕律分布：2016 年"胡润财富排行榜"的财富分布

三线城市的房屋质量，比起北京 CBD（中央商务区）的房屋质量相差并不算大，但是为什么房价会差好几倍？

2016 年"胡润财富排行榜"财富百强分布是个典型的幕律分布，但这些人的智商、努力程度应该都符合正态分布。那么，这些正态分布的努力，如何变成幕律分布的财富收益？

如果世界一开始是平均的，但是跑出来的结果却不平均，而且是越来越不平均，这其实就是你今天看到的所谓阶层分化。到底是什么关键节点，让均衡变成了不均衡？我们又能如何利用这个规律？中国今天正处于一个阶层分化的时代，到底有什么力量可以阻止阶层分化？或者我们有没有穿层的可能？

不仅是你，经济学家在 20 年前，就已经开始这方面的探索了。

不可思议的小糖人游戏

1996 年，通过计算机建模理解社会演化的思潮在学术界正兴，美国布鲁金斯学会的艾伯斯坦和阿克斯特尔设计了一个关于财富分配的游戏，命名为"糖人世界"（Sugarscape）。

当时西方世界已经出现了严重的贫富分化，原因众说纷纭：右派认为是资本主义的万恶制度，富人为富不仁，政府失控；左派则认为是穷人又蠢又懒。

这两位科学家想设计一个模拟的小世界，看看能否找出贫富差距的成因。

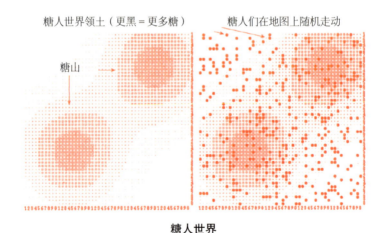

糖人世界

资料来源：艾伯斯坦和阿克斯特尔（1996）

他们设计出一个模拟的地形图，深色区域含糖量高，浅色区域含糖量少，而白色区域则不产糖，对应资源富裕区、有限区、贫困区和沙漠区。糖在被吃掉以后过一段时间会再长出来。然后他们会随机丢一些小糖人上去——这些小糖人遵循几个简单规则：

1. 看四周 6 个方格，找到含糖量最高的区域，移动过去吃糖；

2. 每天会消耗一定的糖（新陈代谢），如果消耗大于产出，则会死掉出局；

3. 每个糖人的天赋、视力和新陈代谢是随机的。

有人天生视力好，别人看 1 格，自己看 4 格，比较占优势；有人则比别人消耗少，别人每天消耗 2 格，他只要 1 格，可理解为体力好。还有一些天生富二代，携带更多糖出生。

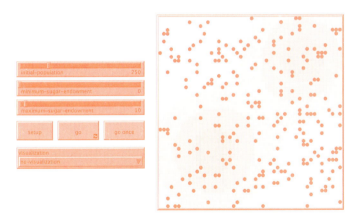

注：左边是各种参数的设置调动，右边是初始状态——小糖人的创世纪

小糖人游戏

你可以通过设置不同的数值调整这些参数，这样一来，等于创造了一个小糖人世界。然后点下"运行"，这个模拟世界就开始运作了。

一开始的时候，大家都差不多，最富裕的 24 个人有 10 块糖；但跑着跑着，不均衡开始出现。在第 189 回合以后，贫富差距出现了，最富裕的 2 个人有 225 块糖，而有 131 个人只有 1 块糖。小糖人国家里，少数巨富阶层出现在右边，而数量巨大的底层收入者在左边，这就是我们常说的"阶层分化"。

阶层分化以后，会固化吗? 答案是会的。在第 636 回合，阶层依然稳定。我第一次玩这个游戏的时候，目瞪口呆。今天你还能在网上搜索"Netlogo"找到这个游戏，自己玩一下。

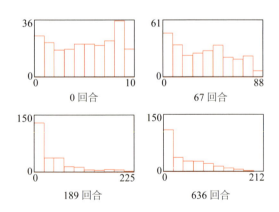

注：横轴为财富数，纵轴为人数。

财富分配

我马上想到，我，这个小世界的造物主还有改变他们命运的武器，我可以散布些更好的先天基因。如果我随机让他们中间有些人体力更好、更聪明，会不会改变这个社会分布？不会。无论你怎么调整，随机平均分布的"优良基因"，最后都会跑出不均衡的幂律曲线。

我又想到试试看多给世界发红包，多分布一些后天的财富"富二代"。但是让人沮丧的是，更多富二代的世界，最后跑出来的依然是不均衡的幂律曲线。

这些设置的确会加速或减慢社会的阶层分化，或者改变个体命运，却并没有能力阻止这个贫富分化的趋势。

我这个一心希望世界大同的造物主在小小的棋盘面前完全失去神力。

这些小糖人中没有坏蛋，没有资本家，没有野心勃勃的政治家，仅仅是一群遵守简单规则的小黑点，但是他们构成的复杂系统一次次展现出不可逆转的不均衡。**在一个流动、开放的社会里，阶层分化是稳定且可预期的。**

可预见的不均衡

你现在知道为什么"互联网正在重塑世界"。互联带来的不仅仅是上网更快，可以坐在家里办公，互联的关键是让每一个系统产生交换，从正态分布逐渐转向幂律分布。**在这个过程中，头部效应越来越严重。**如果不能识别一个系统的头部，仅凭个人努力，会越来越追不上这个时代，穷人会越来越穷。

为什么贫富差距会越来越大？

财富差距的产生源于财富是迅猛流通的。

猜猜看，到底是 20% 的富人和 80% 的一般人拥有的财富差距大，还是富人中 20% 的巨富，和剩下的 80% 的富人差距大？

《巨富》这本书专门研究世界上的巨富阶层——每个国家 2% 的那群人。该书作者指出，亿万富翁和一般富翁的财富差距比富翁与一般人的财富差距更大。

寒门再难出贵子吗？

因为教育资源的进一步流通，形成了头部效应。

北大教育学院副教授刘云杉统计了 1978—2005 年的北大学生家庭出身，发现来自贫困家庭的学子从 1978 年的三成下降至 2005 年的一成。吴伯凡老师也说过，他就是来自一个小镇，他镇上出了三个高考状元，一个在人大，一个在清华，都过得很不错。但是近年来很难听到小镇的哪个孩子考上清华、北大了。

优秀的教育资源，无非是老师、孩子和家长。

最重要的是教师资源。在 20 世纪 80 年代前，教师资源的分配相对平均，加上当时很多极其优秀的知识分子散落民间，常常有大知识分子做基层教师的情况。当时学生基本在当地就学，而家长收入也平均，并没有闲钱投给孩子。

今天就不同了。一个老师优秀，会收到来自北京、上海的好学校的力邀；一个学生崭露头角，会有很多名校上门争取。好老师带好学生出好成绩，好成绩吸引了更好的老师和学生——形成幂律效应。

更优秀的第一代家长也带着赚来的财富进入战场，给孩子大量的补课、游学、练习机会。我在老家怀化的同学把孩子带去长沙一中上学，而北京的很多孩子则不参加高考，直接去海外读高中。

一篇名为"北京的无奈：海淀拼娃是怎么拼的"的文章在家长的朋友圈被疯狂转发，作者透露了他孩子在辅导班的课程：

> 语文由北大的老师上课，读的是《大学》和《春秋》，但很多内容讲的其实是历史，而且是把中国历史发生的事情与外国历史横向对比，带有文化和哲学的启蒙。
>
> 英语是新东方的名师上课，孩子从自然拼读开始，不再是死记硬背，而是在讲英语故事。
>
> 数学是国内"985"名校的毕业生授课，小学低年级的奥数就足以让文科生缴枪，但孩子学会了就能体会到乐趣。

优秀的老师、家长、孩子资源都如此高度集中，一般孩子进入名校的机会就会变少。

不过这个社会现象不应该被解读为"寒门再难出贵子"，只能说寒门难出名校生。如果"贵子"不仅仅指"名校毕业""高考分高"的话，中国教育产出的"好学生"和"贵子"关联性并不大。中国的富人，大多数也并非来自名校。

为什么付出和收益不成正比

想象两个同学 A 和 B，因为身体素质一样好，被选到一所体校。也许就是由于选拔赛前一天 B 吃坏肚子，慢了一点点，A 可能被选拔上省体校，而 B 落选。A 马上有了更好的教练，更加科学的训练和营养计划，更多的国家级比赛机会。这个时候，即使 B 同样努力，他们的能力差异也会越来越大。

如果 A 在国家队中继续获胜，成为国际比赛冠军，再回到自己的小县城看到当年水平差不多的小伙伴，一定会感叹命运弄人。其实不是命运弄人，这是系统的常见机制。在复杂系统中，细小的初始值的差异，会带来巨大的不同结果，经济学界称之为"横向分配不均"（horizontal inequality），即收益和内在价值，比如智力、能力，不一定有相关性。

命运就是不公平的，资源正在高度集中，我们正如游戏里的小糖人——但现实世界毕竟和小糖人游戏不同，人类还有很多改命的"作弊器"。

- 小糖人不会学习，他们只能靠自己的观察，我们不是；
- 小糖人从沙漠到资源区要移动很多步，甚至会死在路上，我们有交通工具和网络；
- 游戏中的糖山是不会移动的，而真实世界每个时代的高价值区都在移动，机会一直有；
- 社会阶层是固化的，但个体的命运却不是。

所以我们能得出以下几个结论：

- 停止抱怨。世界就是不公平的，接受它。阶层分化是
开放社会的必然趋势；
- 持续学习＝扩大视野，提高效能＝扩大移动能力；
- 持续关注、观察、验证高价值区；
- 向正确方向移动，爬上幂律顶部。

我们依然可以通过战略思考，改变自己的命运。既然确知一份努力在不同的位置会有完全不同的收益，既然理解世界的不均衡，为什么不主动移动到高概率的地方去？

到现在，我们已经谈到了高手战略的两个规律杠杆：

对内，通过二八法则三次方，持续放大自我效能；

对外，通过移动到系统的头部，获得系统巨大推动力。

头部效应：站位比努力更重要

头部效应

哪座山峰是世界第一高峰？珠穆朗玛峰。那第二高峰是？

答案是乔戈里峰，8611米，仅仅比珠峰低了233米（珠峰现在高8844米）。

谁是第一个踏上月球的人？阿姆斯特朗。那谁是第二个？

答案是巴兹·奥尔德林，仅仅晚了几分钟，很少有人记得他。但是你会因为另一个"第一"记得他——《玩具总动员》里面最著名的巴斯光年。对，就是以他为原型。

这个规则在公司系统也存在：你也许能说出谁是你们公司最会拍照的人，那谁是第二名？

头部收益更高

在一个系统里，头部品牌吸引的注意力大概占40%，第二名占 20%，第三名占 7%~10%，其他所有人共分其余的 30%。头部会带来很多的关注和个人品牌影响力，这些都会提高你能力的溢价，带给你更高的收益。

头部加速度更快

一旦你成为某个系统的头部，系统就开始产生正反馈——微小的优势会带来更多名声，名声给你更多机会、更高收益。这又让你可以投入更多资源，继续扩大优势，最后的结果就是头部的人获得最高的增长率。

能力提升需要三个要素：好的方法论，刻意练习，大量的实战机会。而头部的人会同时拥有这三个机会。一个公司里的首席设计师，应该有最多机会拿到大项目，大项目会吸引最优秀的建筑方、施工方提供最优的策略，他也会有最多的实战机会，获得最快的进步速度。

一个微信大号能够收获最多的读者点评，能够聚拢最好的人才搞策划，招纳最多好的写手，这个庞大的读者群也会吸引最好的老师去讲课，尝试最多的玩法。如果行业真的有突破，也应该是他们最先达成。

如果这些头部之间再相互学习和交流，头部的加速度就更快了。

高收益和高加速两者相互强化，会迸发出巨大的能量。

高注意→高收益→高投入→高增长

就好像唱卡拉 OK 时话筒不小心靠近音箱，微小的声音会放大到吓你一跳。

这就是在我们身边发生了很多次的事——回想当年漫天遍野的视频网站，现在只有优酷土豆、腾讯、爱奇艺等几家富有活力；3000 多家团购网站只留下大众点评和美团；多家网约车公司只留下滴滴。**一个充分竞争、互联的时代，是几个头部与众多长尾的时代。**很多投资人只投每条赛道的前两名，就是这个原因，如果一个领域有人能获胜，那一定是头部的人。

行业也有类似的情况。两个初始能力相若的人，在头部行业（如金融、互联网）和在尾部行业（如邮政），起薪和成长速度会相差很多。同一家公司两个能力相若的人，在头部部门（核心部门）和非核心部门，收入和成长速度也不同。

收益不仅和能力相关，更与站位相关。优秀是一种系统的显现。头部有巨大的借势优势。过去一个年轻人迷茫的时候来问我他该干什么，我会建议他去寻找自己的优势、天赋和激情。今天我依然会建议他这么做，但是如果短期找不到，我也许会建议他——先进入自己能进入的头部，去最好的城市，去最热门的领域积累资源、增长见识，与伟大同行。

等你的眼光上去了，竞争多了，你自然会品味出来自己的优势和激情，你也可以有资源去实现自己的梦想。

我在深圳参与创办新东方分校的时候，有一天经过一间教室听到里面哄堂大笑的声音。我以为是哪个老师在试讲，让课堂气氛变得如此之好，赶紧过去看看，却发现是罗湖区消防队的一个消防员在给我们的教职员工讲解灭火常识。

消防队有一拨人是专门上门给人讲解如何使用消防器材的，说起来也不容易，这个活儿肯定特别无聊无趣，再说讲解怎么用灭火筒，谁爱听啊？所以讲解的兄弟不知道出于无聊还是勤奋，发展出一套极其有趣、生动、连讲带演的讲解方法。我们的女老师笑得花枝乱颤，男老师也兴致勃勃，比听我讲课还开心。

我站在后面观察了一会儿，确认他是一个极其优秀的讲师。他并不比我们台下那些年薪几十万的老师讲得差，可能还更好。我甚至暗暗可惜他所在的行业，如果他不是在讲消防器材的使用，而是讲词汇，可能就没我什么事儿了。

之后才顿悟：当时的我并不知道，直到我后来做职业生涯咨询，遇到了成百上千名各行各业的优秀人才才知道，每一个小的细分领域的最优秀的人，优秀程度都差不多。一个奔波于城乡的优秀推销员的智商和能力，并不比一个投行的顶级高手差。同样，即使在竞争最激烈的领域里都有混日子的人，他们的水平也一样普通。

你身边肯定有这种站位极好的普通人——他们不是富二代，也不搞贪污腐败，但是仅仅由于他们卡在了一个头部行业，他们的收益就比普通人高出很多。如果你看不懂，你就只好感叹人家"命好"，或者怀疑人家"有关系"。

优秀是幂律规则的简单显现——天时、地利、人和，取势、明道、优术，不管是兵法还是商道，都把**时机和站位**放到了个人努力的前面。与其哀叹社会的不公，不如尽快挑选头部赛道，抢占头部，享受红利，这就是**高手战略里的找到高价值区，找到头部。**

如何找到自己的头部

"我要成为最好的产品经理。"在某一次聚会的时候，朋友小明和我聊。

"那你准备怎么做呢？"

"乔布斯和张小龙是我偶像，我会先研究他们的方法论，然后用到我的工作里面去，像工匠一样持续打磨自己的产品。"

这么努力，有可能吗？

可能性很低——他的公司是一家给国有单位做信息系统的公司，在这样的公司里，产品不是重点，渠道才是头部；在给国有单位做信息系统的公司里，他们公司也并不是头部；在信息系统领域，给国有单位做系统也不是头部。

如果有另一个和他天赋、努力都相当的人，进入了一家以产品为核心的顶级公司，成长速度是不是会快很多？他崇拜的苹果的乔布斯和腾讯的张小龙，哪一个不是来自以产品为核心的最好的公司？

你现在理解小明的困局了吧——虽然他很用力地希望自己成为"业内"最好的产品经理，但他既没见过"业内"，也没见过

"最好"。这种场外的奋斗者是努力又孤独的，由于站位不对，他们的目标会距离自己越来越远。

小明就是我们身边的大部分普通人，我们毕业于一个普通学校，在一个中不溜儿的公司，做着一份还过得去的工作，水平在业内属中上水平，但是我们希望自己成为某个领域的大神。

越是普通人，越是没有先发优势，越是需要懂得借力打力，利用头部效应放大自身优势。

找到自己可进入的头部区域

我们先定义一下头部。

头部就是你所在赛道里的高价值并且有优势的领域。有些人听完头部策略，就开始琢磨马云、刘强东的生意，想着如何挣一个亿，或开始了对于中国要往哪里发展的沉思。越是憋屈久、斗争经验少的人越容易这么想，因为他们认为只有这样的领域才是头部。

坦诚说，这些对你来说都不是头部，简直是太空漫步。因为这些领域你根本没入过场，更谈不上什么优势。对于大部分人来说，你的头部都在你身边，在你可以触及、能够参与的赛道——你根本不可能进入一个没有见过的领域。

我们用一个"头部矩阵"来看如何找到头部。如果把竞争领域分为"高价值—低价值"两个维度，把竞争力分为"高优势—低优势"两个维度，高价值定义为：投入产出比最高的 20% 的赛场；

高优势定义为：实力排在赛场序列的前 20%。

这样一来，所有的选择都能被分成 4 个区块：

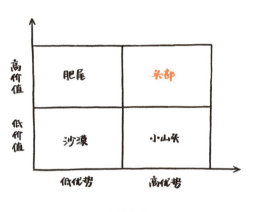

头部效应

头部：高价值—高优势

你在高价值区的第一阵营，是风口上的独角兽、名校的优等生、热门电视剧的女一号。

肥尾：高价值—低优势

你在高价值区的第三、第四阵营，是独角兽公司里打杂的、名校里的差生、风头正劲的电视剧里的宋兵乙。

小山头：低价值—高优势

你是小山头的山大王，是某家小公司的核心员工，是一个偏门领域的第一名，是边缘群体的中心人物。小而美。

沙漠：低价值—低优势

你是小公司的边缘员工，非核心产业的非核心岗位。唉，为啥你还待在这儿？也许是安全感——低价值区、竞争小的领域相当舒服。时间一长，能力磨没了，被困在这儿了。小，但是不美。

头部效应讲起来好像是明摆着的——**要专注于做那些高价值、高优势的事**。很多道理常常由于过于简单，而没有获得足够多的思考和注意力。头部效应就是典型的例子。其实越简单的事情，操作起来就越难，因为过程的逆人性。

我们常常陷入三个误区，但是只要遵守相应的原则，就可以成功避免陷入误区。

误区一：从当前优势出发

很多个人成长，甚至职业规划书都强调，先从个人优势出发，选择你感兴趣的领域。这是个误区。

1.场外选手很难判断真正的优势。

优势全称是"竞争优势"。如果没了解竞争领域，你怎会知道自己和谁竞争，有什么优势？

比如说，同事总说你唱歌很好听很有天赋，最近《歌手》节目又很火，于是你决定发挥这个艺术天赋，辞职去做一名歌手。当你真的开始走上职业歌手之路，也许会发现自己"唱歌好听"的优势在专业歌手圈里只能垫底。同样道理，知心大姐不等于好咨询师，特爱思考不等于善于思考。

到底是不是优势，需要你入场才知道。核心优势不是在地图上定下来的，而是在战场上一次次逼出来的。不上场你根本不知道什么是核心优势。

2. 过去的优势不等于未来的优势。

我本科读的是土木工程，大学毕业 5 周年聚会，大家问我在干什么，我说做英语老师。他们都拍着桌子笑岔了气，可见他们一点儿都不认为我有讲课的优势。后来我出了本书，同学们纷纷发来贺电："哎，我昨天看到有本书作者名字和你一样。"可见他们也不认为我有写作的优势。一个人如果仅仅从当时的优势出发，那么我应该做个土木工程师，因为在自己的舒适区最有优势。

京东早期的优势是价廉物美。面对淘宝的竞争，正品是优势；再后来天猫也是正品，京东发展新优势——自建物流，快速到家是优势。固守过去的优势，恰恰最没有优势。

大学生毕业找工作经常在"专业对口的烂工作"还是"专业不对口的有前途的工作"间纠结。其实过来人都有体验——工作两年，你发现自己曾经最看重的学科优势，根本不算什么优势。

反而在学校养成的一些思考方式、为人处世的方法等综合素质，才是真正的优势。

原则：从价值而非优势出发。

先确定高价值，再思考优势。

为什么大部分人做不到？因为高价值的事情，往往很难，竞争激烈，体验远远没有选择低价值的"小山头"舒服安心。大部分人会在这个时候下意识地退回来，给自己一个心安的理由——"或许那不是我想要的吧"。

因为射不中靶子，所以随便射一箭，然后在旁边画个圈圈，宣布我射了十环！80%的人做第一个动作时，就已经走向平庸了。

所以你看，虽然道理简单，但是因为逆人性，所以最难操作。

不要因为容易而去做一件事，要因为有价值才做。不要因为便宜而买一件衣服，要因为值得才买。不要因为彼此习惯了就结婚，要因为相爱才结。

因为我们不怕苦，怕苦得没价值；不怕累，怕累得没有意义。

我不是基督徒，但耶稣有一句话我非常欣赏，来自《马太福音》："你们要进窄门。因为引到灭亡，那门是宽的，路是大的，进去的人也多；引到永生，那门是窄的，路是小的，找着的人也少。"

高手会暂时放下自己的优势，思考价值，他相信只要方向正确，资源、技能、优势都是可以积累的。

高手总是选择窄门。

误区二：着急入场，不想优势

很多人走向另一个反面——看见高价值区就撸起袖子下场，很少思考自己的差异化优势。如果说第一种误判会让你故步自封，那么这个误判就会让你自我毁灭。

比如最近火热的新媒体和内容创业，很多人心急火燎地开始学习写作，朋友圈的内容激情四溢："我注册了一个公众号，起了一个绝好的名字，拉了一个群，开始写作，坚持了 30 天，现在已经有 10 万字了。"

学写作是件好事，写作是未来的核心技能，也是一个自我表达、自我修炼的绝好方式。但如果目标是希望赶上内容营销、知识 IP（知识产权）这波热潮，可能就需要再掂量下。

当他们真正开始写，才会发现自己进入了一个早就竞争白热化的领域，每个细分领域都已经有占据头部的人，那是一群已经不停地思考和写了很久的人——咪蒙是《南方都市报》编辑，六神磊磊是新华社记者，连岳是 2002 年就开始全职写作的作家。

这些人都有共同点：过去在这个领域有不俗的积累。不管当初是主动还是误打误撞入的行，他们最终选择深耕的领域都是拼杀后经过思考和判断的，叠加在过去的能力资源之上，形成了强劲竞争力。

而对于这个时候才准备从头开始的人，在随大溜选择的人挤人的赛道上，别说头部，小腿肚子都到不了。他们当时入场，只是出于一种"再不进入就来不及了"或者"我也捞一把"的焦虑。

殊不知，以焦虑开始的事，往往以焦虑结束。

"蠢"字的结构，是春天的虫子刚刚苏醒，到处乱拱，没有方向。大部人在机会来临的时候，都有焦虑的蠢动。这种动作背后是思维的惰性。他们很少分析赛道的游戏规则、优胜选手的特点和自己的竞争策略。他们不仅是准备成为写作大号的人，听到相关数据就准备报班的人，看到别人创业自己就注册公司的人，还是看到人工智能、互联网金融或大数据火了就希望往那些领域发展的人……机会几年一波，这群人从一个热门的脚部冲向另一个热门的脚部，除了心跳，从未获得过什么真正的价值……每个领域这么浪几年，唯一的资本——年轻——也都挥霍完了。

原则：思考差异化优势。

永远不要在热门领域随大溜。永远不要在热门领域随大溜。永远不要在热门领域随大溜。重要的事情说三遍。

价值越高的领域，竞争越激烈，越要凭借独特的优势，你先不要着急动手，要用足够的时间观察对手，思考差异化优势再进入。

这件事为什么难？因为当所有人都疯狂奔向新大陆，还有人在里面赚到大钱的时候，每个人心里都会升起"再不上就来不及了"的本能冲动，这种冲动来自祖先多年逃生的经验积累。此刻要静下心来思考和判断，相当逆人性。巴菲特的办公室没有显示当日股价的电脑和电视，也是一种可以让自己不受打扰的必要机制。

约翰·博伊德（John Boyd）被认为是美国史上最伟大的战斗机飞行员，他的战术思想指导了 F-16 飞机的研发，他把自己的空战技术总结为 OODA 循环，今天还广泛应用在军事、商业和体育竞赛中。

博伊德认为，在战斗中进攻速度并不是唯一的关键，重要的是时机和方式。一旦对手开始行动，你就应该按照观察（observe）、调整（orient）、决策（decide）、行动（act）四个动作行动，争取后发而先制。这四个部分会不断往复，被称为 OODA 循环。

真正的高手会花很长时间观察好几个赛场，观察游戏规则、赢家的玩法，对比自己的实力，找到最好的优势角度切入。他们知道这种**处处都有的机会，很多不属于自己**；在那些属于自己的机会里，他们也并不着急出手，他们在等待更大的概率。

所以，千万别相信"去最激烈的战场，哪怕从头做起，哪怕是个小兵"这样的鸡血故事，名人成功可以这么说，但你在进场前不要这么做。

如果优势不足以当第一，那就搞差异化竞争；如果无法上主战场，那就先占领二线战场；如果综合能力胜不了，那么就找一个细分领域，然后从一个小头部去更大的头部。

成功是成功之母，成为鸡头是变成凤头的捷径。

思考差异化优势："罗辑思维"

在思考差异化竞争优势方面，"罗辑思维"创始人罗振宇做到了极致。

罗振宇原来是中央电视台《对话》节目的制片人、第一财经频道总策划，在 2012 年自媒体大潮之前，还做过企业培训。2012 年是自媒体爆发的一年，优酷猛推原创视频，他的"罗辑思维"在优酷开讲。

刚开始看的人都觉得很反直觉——当时的视频都是越短越好，如微视频、微电影，偏偏他老兄的视频是 45 分钟长干货，有时候一激动还能讲出一个多小时。这其实是一门视频版的历史课。主持人、策划人和培训师罗振宇选择在他最擅长的文史哲领域，用讲课的形式，发挥自己最大的优势。这是内容界的一股清流。很快，凭借内容的过硬和表达的感染力，"罗辑思维"节目成为优酷原创视频第一、喜马拉雅大热。

微信公众号开始崛起，"罗辑思维"需要思考如何在这个高价值赛场上重新找到新优势。今天你可以看到，微信第一大号"罗辑思维"的核心内容不再是最常见的原创文字，而是每天早上 6 点半推送的 60 秒的语音和文章。这也是一个清晰的差异化标志。罗振宇总能一秒不差地讲够 60 秒，然后极其精要地在这么短的时间里把一个道理讲得一波三折。这种能力被后来的脱不花妹妹总结为"转述"能力。

我见识过罗振宇对一条语音的死磕。我的专栏在"得到"

上线之际，他为我做一条 60 秒的语音推送，我见证了这个流程——他会事先在前一天写出 Word 版稿件，反复打磨每一个表达，删减到含标点 320 个字符，一个字都不差。然后用他奇快又精准的每分钟 320 字的语速，在第二天早上 6 点自己发出去。据说他曾经录好请别人发过——那哥们儿觉得心理压力太大，过几天，还是交还给他发了。

我的节目上线时，他已经这么讲了近 1000 期，照理说应该非常熟悉了。但在录制时，他还在和自己死磕，纠结于某个我觉得根本没什么区别的细节，把一条一分钟的音频重复录了十多次。对于核心优势的最锐利的刀锋，毫不吝啬时光，时时刻刻打磨擦亮。

影响力和流量是一条腿，另一条则是漫长的商业变现探索之路。让业内吃惊的是他那种毫不留情放弃增量的做法——社群、电商、IP 投资，一旦找到更高价值的领域，整个团队能够立刻放手，然后按照摸到的下一块石头前进。这么摸了一圈，最后回归的，还是自己最擅长的老本行——内容策划。

2016 年 5 月，"得到"App 上线。这时在过去的打拼中，罗振宇早就获得了极强的策划能力、对于内容极佳的手感、一流的选品能力，以及一众忠实粉丝，"得到"迅速成为内容付费领域的第一名。

"罗辑思维"的成长过程，也是一个人对于优势的不断聚焦和升级的过程。刚开始，讲干货是优势，但不能什么内容都讲，于是逐渐聚焦于商业、文史哲。

内容创作中，罗振宇发现转述是优势，于是外包知识源头，自己专注于转述。在大量的转述内容中，他意识到产品策划是优势，于是外包内容生产，自己全力打磨和策划产品形态。他一步步做减法，优势越来越少但越来越清晰。

"罗辑思维"则从自媒体第一，走到微信公众号第一，再走到内容创业第一，从鸡头变成凤头。

误区三：关注不属于你的机会，眼高手低

第三个我们时常犯的错误是关注的领域距离你的生活太遥远，那根本不是你的赛场。网络时代，你天天会听到大佬们的各种讲话，未来、国际、世界……听得你心潮澎湃。开眼界很好，但这对于解决你当下的困局，没有什么好处。

前面说过，找到头部是一个持续观察和思考的过程。一个距离你太远的领域，你根本就看不到真实的信息和对手，听到的全是传说、段子或者别人希望你听到的东西。这些信息只能当故事听，根本没法拿来实际操作，你很难从中收获什么有用的信息。

你今天去个小酒馆听人喝酒扯淡，你会发现越是闲人越爱聊宏大的话题，中美建交、军事部署、政治局常委、各国内政。这些话题都有一个特点，话题宏大到根本没法验证。谁更正确，全靠谁的嗓门更大。

要把注意力放到你能影响到、能操作的赛场，尽快到你视野

里最近的头部，而不是想诸如"我怎么成为业内最好的……"之类的问题。你可能既没有见过最好，也没有真正看到过"业内"。

原则：从身边的头部做起。

不要想太远，从身边头部开始。

如果你在一个小团队里，那么就先占领团队的头部；如果你是个三、四线城市的老板，那就思考如何击穿自己的市场；如果你是个小创业者，那应该洞察的就是你的领域，思考如何盘活前 1000 名客户；如果你是快递员，那就思考如何先成为快递员的头部。再小的系统头部，都有巨大的效应，推动你去下一个头部。

战略必须先帮助你在当下破局，否则就毫无意义。

不要一开始思考"如何做出一款改变世界的产品""成为业内最好的 ×××"，先抢占距离自己最近的一个小山头，这个小山头会给你全新的资源和视野，然后再抢占下一个大山头，最后是山脉的顶峰。从边缘地带一点点往前拱，虽然慢，但总有推进。一旦空降进入一个你不了解规则、没法把握的赛场，即使偶尔获胜，最后也会输得精光。

从现在开始，从身边开始，占领你视线里的第一个头部。

至此，我已经介绍了头部效应的三原则：

1. 从价值而非优势出发；

2. 思考差异化优势；

3. 从身边的头部做起，从鸡头变成凤头。

头部效应就是：通过观察和判断，抢占高价值、有优势的头部，然后从小头部走向大头部。

理解了头部效应的三个原则，回想大蛇，你不得不承认它捕食战略的精妙。

绝不一开始就靠体力追逐猎物，大蛇依赖的是判断力。先移动到最高价值的地方——水边，等待最高价值的猎物——大型动物。它没有毒液，也没有速度优势，所以如果没有十分把握，就不出手。只有确认自己的力量一定能一击必杀——有绝对优势的时候，才出手击杀。大蛇的胜利是判断力和集中优势的胜利。

当然，大蛇只是动物，没有想着成为爬行动物界第一高手，所以它不会"从一个头部走向另一个头部"。但是人类却可以通过不断的位移借力提升自己。接下来我们看看，如何利用头部效应做具体的职业、人生和商业战略选择。

用头部效应就业、择城、选创业赛道

大银行，还是小助理

小倩刚大学毕业，有两个机会：一个是去国有大银行做柜员，一个是去互联网金融公司做总助。选择哪个？

我问她："进银行现在都得靠关系，你家里有人吗？"

回答说没有，亲戚托人转了两道手的关系，也只能帮到这一步了。

我的建议是：只要互联网金融公司不算太离谱，就选总助。国有大银行虽是航空母舰，但没背景的柜员就是甲板上擦地板的小兵，毫无比较优势。互联网金融公司虽然只是个小游艇，只要在快速学习上突围，总助做好了就是个大副。鸡头比凤尾离凤头更近。

接下来要考虑的是比较优势：小公司的员工往往有一种幻觉——我就是公司唯一的总助啊，还和谁比？其实**小公司一个萝**

卜一个坑，一定要学会向外看，你的竞争对手在公司外，全行业的小朋友都是你的对手。

所以新领域不可能什么都学，聚焦什么，要看你有机会做哪个细分领域的高手。小倩调查、思考一圈以后有了结论：不要去碰那些专业性太强的金融、大数据、算法领域，干不过专业人士，理解到应用层面就好；不要搞政商关系，要是缺乏家世资质或并不是貌美如花，也没法做第一；有机会成为优势的是理解商业模式，做运营。这两年时间，全力学习互联网金融的运营，闲时写作散播影响力，争取成为年青一代的头部。

两年过去，原公司倒了，她拒绝了银行请她回去做互联网金融的邀请，以 50 万元年薪加股票期权去了另一家公司做运营合伙人。

不要被企业大小所迷惑，抓住高价值—高优势的机会。

我要离开北上广吗

Z 是我哥们儿，理工学霸，原来不知道什么鬼专业，中途出家做市场，竟做到市场总监。后来为追心爱的女孩来了北京，竟然又半路出家学编程，进了百度。35 岁那年，夫妻俩在北京一年收入也有 60 万元，还没买房也未生孩子，该回老家沈阳吗？

这也是很多北漂面临的难题。留在北京，机会多、工资高，但是经济、孩子教育压力更大，属于高价值—低优势的"肥尾"；回老家机会少、工资低，在大城市练就的一身功夫搞不好没有用武之地，但是压力小、竞争小，属于低价值—高优势的"小山头"，在更加偏远的地方，大城市培养出来的莫名其妙的优越感，搞不好会影响处理人情世故，那就真的是低价值—低优势的"沙漠"了。

面对这种选择，如果还处在高增长阶段的人，最好选择在大城市再待几年，看能否跻身头部；如果增长放缓，回去也是一种聪明的战略性转移，关键是如何让自己在二、三线城市过好。

回老家对于没有地域要求的自由职业者很有效。他们完全可以通过网络"身在丽江，脑在中关村"。大部分人都会落入第一种误区：先想优势，再找价值——我这种编程能力，如何在老家更有用？我这种博士生，在老家能干什么？答案基本不太好。

记得头部效应的第一条原则：先锁定价值，再创造优势。三、四线城市的高价值区在哪儿？

Z回去攒了一个企业主群，本来想着当个群主以后在里面接点儿程序的活儿，却发现企业主最困惑的、天天和他聊的是自己的企业怎么转型互联网。中国三、四线城市的企业有一个巨大的互联网转型需求，而大量的传统企业面临转型却根本不知道如何下手。我朋友李忠秋拉出来过一个200家企业培训公司的产业图谱，收入上亿的公司利润最多的领域包括综合服务提供商、平台产品和三、四线城市中小企业主培训，而后者利润率最高，是个价值相当高的区域。

但是对于在一线城市待过的人而言，这个过程他们并不陌生——这几年所有在他们身上发生的事情，都会在三、四线城市重演。Z最后选择帮助大型企业互联网转型，以"工资＋股票期权"的方式介入一家大型农业电商。再过几年，如果足够专注，他也许能成为这个领域最有经验的经理人。

先找价值，再定优势。千万不要被自己的优势迷惑。

创业的头部效应

很多进入职场3~10年的人都希望能抓住一个时代机遇，进入机会最多的爆发行业，这恰恰是非常危险的事。

爆发行业的第一批机会是留给在机会旁边看了很久的人。所有领域的领军人物，要么本身是这个领域的开创者，要么是在看到机会的时候，已经在相近领域积累了经验，能最快地迁移过去。

这意味着作为行业素人，尽量不要盲目随大溜，不要冲进热门行业拼杀并希望好机会降落在自己头上——这都是《财富故事会》的主题。

所以，假如你从来没有做过大数据，现在有一个哥们儿号召你——来，我们一起学习，从头开始创业吧，我们的未来是星辰大海……去不去？不要去。

其实你可以通过差异化策略，找到很多切入点。

聚焦细分战略

你可以直接跑到这些人没有空做得更加细分的市场。《好好说话》很火，你是没必要介入了，有没有可能做一个《好好说话》的恋爱版——《好好说情话》？这个机会就很大。模式、结构都很清晰，内容很聚焦。

搜狗原来就是搜狐的一个小模块，你看人家现在的发展。

转移周边战略

周边市场服务的是核心市场拼杀的玩家。牛仔裤品牌李维斯就源于美国西部的淘金热，既然大家都在淘金，那么也许他们需要耐磨的裤子。

职业也是一样，如果第一波已经赶不上，不如试试看周边市场。大家都在做微信的时候，新榜起来了；大家都在做内容的时候，千聊起来了。

我的一位好友前段时间从市场岗转技术岗，想去学习前端。当时我不太赞成，App 大潮都快过去了，前端需求不会增多，那些创业公司释放的劳动力也泛滥。

他说那未来什么火？要不要直接去学习大数据或者 VR？

除非你是这方面的天才，否则别碰。因为成为一个数据专家需要很长的学习周期，你很难赶上这个进度。周边市场其实是个好策略。大数据几年内一定会像自来水一样对接到每个人、每家公司，但是个人是用不上的，因为使用门槛太高，一定是针对企业用户。

企业用户则需要大数据公司理解需求，设立方案，大数据公司既要懂客户也要懂点儿技术，还要能出方案——和当年做CRM（客户关系管理）系统、今天做企业平台销售一样。这个周边市场肯定有机会。

农村包围城市战略

中国非常大，在一线城市做过的事，完全可以在二、三线城市继续再做一遍，然后是四、五线城市。原来培训领域里的大师，这段时间被小鲜肉和知识网红代替了，他们去哪儿了？他们奔波于二、三线城市，收入比之前还高，因为有更大的空间。

不知不觉，你不一定会买的安踏产品在二、三线城市的市场销售额已经超过600亿元，是全球第五大运动品牌。

中国最近的"一带一路"倡议，也在从过去的环太平洋战场转身向西，发掘新市场的机会，在这个领域我们是毫无疑问的第一。

高手只做那些高价值且有优势的事。

如果没有优势，就先转移到二线战场积累优势，然后重返一线战场头部。头部效应就是从一个头部到更大的头部，从一个成功走向另一个成功。头部效应是成长的定位武器，而过程中的每一个判断都是逆人性的，痛苦做决策是成为高手的必要历练。

专注：高手的护城河

恭喜你！如果你已找到可进入的头部，证明了你的战略眼光，并且享受到了头部红利，那么你的优秀一定会引来很多追随和模仿者。接下来，作为一个高手，你该如何保持优势，修建自己的护城河呢？

答案很简单：专注。但做起来依然很难，因为逆人性。

专注、专注、专注，即使这个词被反复提及，依然没有获得足够多的关注。

多线程运营让你焦虑，单线程让你宁静；想未来会让你焦虑，一心一意地专注于当下最有力量……这只是战术上的专注。

这些话题还都未触及"战略性专注"的优势，不是短期专注当下或者专注做一件事不分心，而是长期盯着一件事情来做，一直把事情做绝的专注。对弱者来说，专注是最好的进攻策略；对强者来说，专注是最好的防守策略。为了体现这种专注的威力，我们用一个简单的计算模拟来呈现。

假设有两支军队。红军 1000 人，蓝军 500 人，双方火力相同，同时开枪。假设命中率分别是 10%、20%、30%，问：

1. 当蓝军全部被歼灭时，红军分别还剩多少人？

2. 火力和失败速度有什么关系？

结论出来了，命中率分别是 10%、20%、30%，在蓝军 500 人全部被歼灭的情况下，红军分别剩余 840 人、816 人、790 人。可见命中率越高，优势方损失越大。

1. 军力优势方很占便宜。最多用 210 人，就能灭掉对方 500 人；

2. 武器杀伤力越大，弱者越占便宜。

所以超级大国美国也会怕小国的核弹，核弹这种威力量级，双方都只有两次打击机会。各种科技发明，让普通人面对强者和大型组织有了更强的杀伤力，科技是弱者的福音。

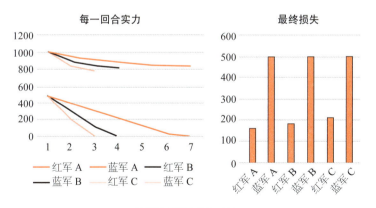

红军与蓝军实力对比

专注

在公众号"古典古少侠"（ID：gudian515）中，输入"专注"，下载一张我自己一直在用的专注卡片，它是我认为最简单的保持专注的方法。

而集中兵力、专注的优势，还是被低估了。

一个人的时间和精力，就是他的兵力。一个人的智商和情商，就是他的火力。

想象一个聪明人，精力是别人的两倍，智商是别人的两倍，这够厉害了吧。但一旦这个人分兵3个目标，他就马上会在这3个领域分别被3个综合能力不如他的选手击败。

这就是聪明人的最大诅咒——贪婪而不专注。

为什么专注这么难？

因为越是聪明人，眼界越开阔，面临的机会越多，可能越多，领域越多，一做就有小成，轻松歼灭低级选手，更加觉得自己厉害，所以越发不专注。**上天给你无限的机会，却只给你有限的时间、精力和才华，所以越是优秀，越要专注。**

对于这种聪明人，真正让他心塞的不是和自己势均力敌的高手大战后失败，而是在三个战场被3个低级选手默默干死。你不怕死，怕不怕恶心？

太多的聪明人死于不专注，而专注恰恰是高手的第一条护城河。

我见过很多人在多个领域都玩得很转，其实他们反复使用的是同一套心法和能力，比如刘轩写书、演讲、做DJ（打碟）；后面谈到的德鲁克同时在好几个领域咨询、教书、写作……这种人我服。但是我从未见过在不同领域用不同能力成为各领域第一的人。如果你说这叫斜杠，那我不相信有斜杠这种事。

所以，三流高手靠努力，二流高手靠技艺，一流高手靠专注。做更少但是更好的事。当一个人已经站到了优势位置，只要保持专注节制，就不会输。销量最大的苹果手机，恰恰是机型最少的一个品牌。

君子不争，"故天下无与之争"。

专注是一种防守之道，接下来我们谈谈高手的进攻方式。

迭代：聪明人的笨功夫

李昌镐：只求 51% 的效率

下围棋的人都知道韩国棋手李昌镐，他 16 岁就夺得世界冠军，被认为是当代仅次于吴清源的棋手，巅峰时期横扫中日韩三国棋手，号称"石佛"，是围棋界一等一高手。

李昌镐下棋的最大特点，就是——很少有妙手。

妙手就是指围棋中精妙的下法，有时候，一着妙手或解开困境，或扭转败局，甚至可一子制胜。《天龙八部》里虚竹随手破解珍珑棋局，就是一个妙手，帮他扭转人生，成为武林中内力最深厚之人。厉害如李昌镐，为什么没有妙手？

一名记者曾问他这个问题，他憋了很久说："我从不追求妙手。"

"为什么？妙手可是最高效率的棋啊！"

"……每手棋，我只求 51% 的效率。"

记者愣住了，只求 51% 的效率？众所周知，棋子效率越高越占优势，高效行棋，自古以来就是棋手追求的目标。

李昌镐又说："我从来不想一举击溃对手。"

记者再追问，他沉默了。

为什么世界第一的棋手，每子只追求 51% 的效率？

51% 的效率足够赢了

职业围棋选手之间，即使有段位之差，胜负也只是在二三目之间。一般的围棋有 200~300 手，每手 51% 的效率，即是有一半以上的成功率，150 手 51% 的效率累积到最后也会稳拿胜券。李昌镐最使对手头痛的恰恰就是"半目胜"，一局棋几百手，最后清盘——赢半目。

那妙手不是更好吗？

不。思考下，到底是下出 51% 的稳定手（不是术语，我编的）概率高，还是下出 100% 妙手的概率高？

妙手很美，在另一个角度看则是陷阱。人追求一击致命的时候，正是自己最不冷静的时候，成功了不免沾沾自喜，失败了心神摇晃，下一步最容易一脚踩空。全力之后，必有松懈；大明之后，必有大暗。

反倒是 51%，每次都稳稳当当，日拱一卒，最后准赢。

妙手有个重大缺陷：不能迭代，无法刻意练习

因为每一次环节都不同，所以每次妙手都是心电一闪的灵感，这样你永远无法打磨手艺，只能"等灵感来"，哪一天灵感用完，

生涯也就走完了。

灵感没法刻意练习，没法打磨手艺。**灵感没有护城河。**

有人问郭德纲，您这讲相声，万一有一天江郎才尽怎么办？郭德纲说：我们讲相声，学的是技术，练的是手艺啊。这和炸油条一样，一个炸油条的会担心自己江郎才尽吗？把相声当手艺，不当才气，才气会尽，手艺只会越来越精进。

许多作者第一本书写得好，之后就再无佳作；有些乐队的第一张专辑惊为天人，后来却每况愈下。还有很多艺术家要借助毒品寻找灵感，他们总觉得自己缺乏灵感，其实是缺少能打磨的一门手艺。

反观李宗盛、周杰伦这种词曲创作出身的歌手，因为原来就需要大量生产音乐，没法靠灵感，反而得以持续出新，歌坛长青。

我们总热爱讨论谁"灵气十足"，有"机灵劲儿"。长久看下来，这类型的人最容易生涯发展跳崖——要警惕啊，这些词其实是用来骂你的。

因为聪明没有护城河。

李昌镐的"围棋十诀"中第一条就是，不得贪胜。

玩德州扑克的人——据说德州扑克是最接近真实人生的一种博弈游戏——常有这种体验。新手最常犯的错误就是把钱押在中等的牌上，最后总是比别人差一点，几次下来就输光了。老手要是没有好牌就一直喊过，一旦遇到机会全部押进。

"不得贪胜"也是一个被极度低估的道理。各行各业高手一次次的重复，但还是因为太普通，没有获得应得的注意力——新手都谋求一把翻盘，但是高手都玩持续迭代。

因为**新手看胜负，高手看概率**。高手知道，所有的大胜都是细小优势的持续迭代形成的。

曾国藩：结硬寨，打呆仗

李昌镐的绝招是 51% 哲学，而晚清名臣曾国藩称这种战略为"结硬寨，打呆仗"。

曾国藩一生分为三段：第一段是文人生涯，从 6 岁读书到 27 岁中进士，一直做到大学士，是当时的学术领袖；第二段是军人生涯，太平天国运动中，自己组建湘军，缠斗 13 年，愣是把悬崖边上的大清王朝拉了回来续了命；第三段是引入西方科学文化。他组织建造了中国第一艘轮船，建立了第一所兵工学堂，引入第一批西方书籍，送出去第一批留美学生（留学培训行业可不拜关公，而拜曾国藩）。

前后两段都是文人的事，但一介书生怎么战胜当时战斗力爆裂的太平军，这是个有趣的战略研究。

曾国藩打仗的心法就是"守拙"，不取巧，不搞四两拨千斤。他不懂兵法，于是就用最笨的办法"结硬寨，打呆仗"。

什么叫作"结硬寨"？

比如说今天一个湘军首领接到任务："命尔领军十万，速速拿下南京城！"这个首领跑到南京城下，不进攻，先扎营：勘探地形，最好是背山靠水。之后无论寒雨，立即修墙挖壕，且限一个时辰内完成。墙高八尺厚一尺，用草坯土块筑成。壕沟深一尺，以防步兵，壕沟挖出来的土必须要搬到两丈以外，防止敌人用挖出来的土回填。壕沟外是花篱，花篱要高五尺，其中两尺埋入土中，花篱有两层或三层，用来防马队。

看，这还没有进攻呢，三防都做好了。这就是"结硬寨"，湘军本来执行的是进攻命令，但他们把进攻转变成了防守。

"结硬寨"的打法搞得太平军很痛苦。说实话，太平军算是清末骁勇能战的部队了，但是碰到这种打法，一点儿招都没有。

你这里一腔热血，王者荣耀，希望跟湘军来一场酣畅淋漓的大战——你我大战三百回合，一决生死！

一看人家湘军，埋着头呼哧呼哧挖坑呢，勤劳的小汗珠挂一脸，根本不准备和你一决生死。一旦进攻过来，就一轮火枪给你打退下去。一看你不进攻了，继续挖坑。

扎一天营就挖一天的坑，慢慢往前拱。所以湘军攻打一个城市，不是诸葛亮那种一天两天智取豪夺，而是用一年两年，不停地挖沟。一道加一道，圆圈套圆圈。一直到城市弹尽粮绝，然后轻松克之。这种打法就是微小优势的持续迭代，用时髦的话说，就是做时间的朋友。

打武昌，胡林翼挖了一年沟；打安庆，曾国荃挖了 5 个月。要看哪个城市是湘军打下来的特容易，整个城外地貌都变了。

湘军与太平军纠斗 13 年，除了攻武昌等少数几次有超过 3000 人的伤亡，其他时候，几乎都是以极小的伤亡获得战争胜利，这就靠曾国藩六字战法的后三字：**打呆仗。**

《孙子兵法》中说"先为不可胜，以待敌之可胜"。所谓"结硬寨，打呆仗"，简而言之，就是先占据不败之地，然后慢慢获得细小优势，和李昌镐的 51% 哲学异曲同工。

阿蒙森：日行 20 英里

斯坦福大学商学院教授柯林斯在其著作《选择卓越》里，思考了一个问题：什么是卓越公司，这些公司的基因有什么不同？

以 2002 年为基点，柯林斯回溯了 30 年，在 20400 家样本中最终选出了 7 家公司。这 7 家公司连续 15 年市值增长是同行业的 10 倍，有的甚至超过百倍。这本书开始分析了很多"10 倍速"公司的基因。柯林斯讲了很多故事，其中我印象最深刻的，就是"日行 20 英里"。

由于北极点在 1909 年被美国人拿下，1911 年 10 月，有两位探险家同时瞄准了南极点这个处女地。一位是挪威的阿蒙森，一位是英国的斯科特。他们同时分两路出发，竞争第一个到达南极点的荣誉。当年 12 月 15 日，阿蒙森成功地把挪威国旗插在了南极点，而斯科特探险队的 5 名成员在探险途中不幸全部遇难。

你愿意做阿蒙森，还是斯科特？

两者有很多差异，但是柯林斯专门提到一个：在整个探险过程中，阿蒙森一直坚持持续推进的原则。在天气好时绝不会走得太远，以免筋疲力尽；在遭遇恶劣天气时，也坚持前进，保持进度。他把探险队每日的行程控制在 15~20 英里（约 24~32 千米）。

另外一队则完全相反，在天气好时，斯科特让队员全力以赴，而在天气不好时，则躲在帐篷里抱怨鬼天气。

为什么"日行 20 英里"如此重要？柯林斯的总结是：

1. 在逆境中，让你对自己的能力保持信心；

2. 在遭遇破坏性打击时，让你减少灾难发生的可能；

3. 在失控的环境中，让你保持自制力。

好天气带来的"暴利"破坏的不仅是你的自制力，更重要的是你的心态和预期，带着这样的侥幸心理进入严酷的南极雪地，根本没有生存的余地。

要充分意识到，**妙手是成为高手的最大障碍，迭代的手艺才是正途。**

极品的妙手，就是看破妙手的诱惑后落下的平凡一子。一个看清楚自己在迭代什么的人，就找到了自己的护城河。在当今社会，只要你愿意用时间打磨一门手艺，就会有自己的护城河。

"石佛"李昌镐，大学士曾国藩，探险家阿蒙森，肯定都理解这个道理——选定头部以后，就专注地死磕。**专注让你无敌，迭代让你精进。**除非自己出昏着儿，或者内部瓦解，没有力量能让你离开头部。

他们理解**弱小优势持续迭代而产生的强大力量**——安静等待那半目输赢。

好的成功是聪明人花的笨功夫。

— 跃迁 时刻 —

只做头部，不得贪胜

- 今天是一个机会更多、概率更小的世界。战略能力就是找到那些"更少但是更好"的事。

- 好战略就是达成"投入和产出的非线性"。

- 幂律分布的特征是高度不平均且分形，这意味着每件事都要找到杠杆点。

- 头部 = 高价值 × 高优势；抢占头部，持续迭代。

- 头部效应三原则：从价值而非优势出发；思考差异化优势；从最近的头部做起，从鸡头变成凤头。

- 专注是高手的护城河，先占据不败之地，然后慢慢获得细小优势。

- 持续迭代，系统性进步；不求妙手，不得贪胜。

03

联机学习

找到知识源头，提升认知效率

在知识爆炸、终身学习时代，人与人之间比拼的不是学与不学，而是认知效率。学习前，想明白学什么、怎么学、有什么用和如何兑现。

功利学习法：学得更好，却学得更少

识别知识的源头

王小波讲过一个笑话：

"二战"时将军视察前线，看到一个新兵很紧张，于是给他一块口香糖。

"好点了吗？"将军问。

"好多了，长官。不过这口香糖为什么没味道？"士兵问。

"因为我嚼过了。"将军说。

我们身边有很多"嚼过的口香糖"信息——在朋友圈、QQ（腾讯开发的即时通信软件）空间、微博等社群里转发的各种内容和信息，书架上各种名人、朋友推荐的书籍，各种二三四手信息不计其数。

面对知识焦虑，这些信息"口香糖"的确让你镇定了点儿，而且怕你觉得无味，还加入了大量"麻辣"、"鸡精"、"味精"、

GIF（图像文件格式）动图和美女照片起味儿，但是当你吃惯这些，就永远没法享受真正的优质知识的味道了。

因为你没法找到知识的源头了。

我曾在青藏高原望见过长江的源头，很难想象在上海看到的浩浩荡荡如大海的长江，源头这么细，好像我躺下就能拦住一样。

知识源头，就像河流的源头一样，是知识发源的地方，是知识刚刚被创造出来的地方。源头的知识浓度和质量极高，有丰富的底层逻辑和基础概念。顺流而下，离源头越远，支流越多，混入的杂质也就越多。当一份知识掺入了太多杂质时，恐怕只能勾兑成鸡汤了。

在我看来，现在我们获取的知识绝大多数都是二三四手信息，因为很多人已经失去了鉴别一手信息的能力。这也是我们认知效率低下的原因。

一手信息：知识的源头

1973年，诺奖得主赫伯特·西蒙（Herbert Simon）与威廉·蔡斯（William Chase）合作发表了一篇对比国际象棋大师与新手的论文，首次提出专业技能习得的"10年定律"。他们发现，国际象棋大师的长时记忆中有5万~10万个棋局组块，并推测这需要花10年才能获得。

1976年，埃里克森基于西蒙的研究成果，进一步拓展了针对国际象棋大师的研究，并且和西蒙合作发表论文。

1993 年，埃里克森与另外两位同事克朗培、泰施罗默基于大量的研究，发表了一篇论文《刻意练习在专业获得中的作用》。这是一手信息。

二手信息：忠实转述一手信息

2016 年，上述论文第一作者埃里克森发现自己的理念被误读，于是出了本书《刻意练习》。埃里克森在书中强调，并无一个确定的时间门槛让人成为大师。

不少互联网公司创始人专业技能的习得不是花了 1 万小时。在本书中，埃里克森使用的数据也非"1 万小时定律"。从事音乐学习的学生在 18 岁之前，花在小提琴上的训练时间平均为 3420小时，而优异的小提琴学生平均练习时间是 5301 小时，最杰出的小提琴学生则平均练习了 7401 小时。

而且刻意练习还和天赋、练习方式高度相关。低水平的勤奋练习多少小时都没戏。

2016 年 11 月，学习专家爱德华多·布里塞尼奥在 TED[①] 上发表了"如何在你关心的事上表现更佳？"（How to Get Better at the Things You Care About?）的演讲，也重复了这个观点。

这些书和演讲，算是二手信息。

---

① TED，即技术（technology）、娱乐（entertainment）和设计（design）的英语首字母缩写，是美国的一家私有非营利性机构，该机构以它组织的 TED 大会著称。——编者注

三手信息：为传播而简化和极端化观点的陈述

有个叫马尔科姆·格拉德威尔的人读了埃里克森 1993 年发表的论文，没有提"刻意练习"这个主概念，只是抓取出来一个"1 万小时定律"，写成一本非常著名的书《异类》，一时风靡全球，估计你没读过也听人说过。在书中，他充满激情地表达：

> 人们眼中的天才之所以卓越非凡，并非因为天资超人，而是付出了持续不断的努力。只要经过 1 万小时的锤炼，任何人都能从平凡变成超凡。

努力是卓越的必要条件毋庸置疑，但 1 万小时并不是成功的真实路径。这是三手信息。

四手信息：出于各种动机充满个人经验的情绪化表达

有无数公众号、人生导师、培训师和励志作者，基于自己的经验解读"1 万小时定律"，告诉你任何人只要努力都能成为一个领域的大师，然后推销自己的方式。

成长之旅、1 万小时的诀窍、1 万小时的工具和方法，以及感人的故事，这是第四手信息。

现在你检索一下，你在一二三四手信息里分别花费了多少时间？

其实如果你能有英语四级水平，再配合谷歌翻译，基本上 1 小时就能读完那篇属于一手信息的论文，4 小时读完《刻意练习》

或者《异类》，不过显然后者含金量更低，但阅读奖赏更高。大部人会被忽悠学习第四手信息，搞不好还真的盲目实践，花去了100个小时。

这就是认知效率的差距。

"真传一句话，假传万卷书"，讲的就是这个意思。

知识的源头探测仪

能辨别和找到知识源头

知识的源头是站在人类认知边缘、研究、思考和验证的人。他们的一些新鲜的思考，在脑子里、笔记本上，还未进行详细加工，但是新鲜热辣。一些知识经过系统化，成为专业期刊上发表的论文，或者圈内人互相讨论的内容。

• 一手研究论文，行业的学术期刊，行业最新数据报告；

• 行业大牛的最新沟通和思考，通过谈话获得。

二手知识含金量很高，忠实转述，但是有清晰的论据和出处。

• 名校的教科书，MOOC（慕课）里推荐的一手材料，维基百科；

• 中立第三方的行业调查报告；

• 讲述底层逻辑、思考质量比较高、略微难懂的书和文章，比如《国富论》《穷查理宝典》《决策与判断》等；

• 各行业领军人物、行业大牛推荐的书单、豆列，以及在自己公众号发的文章。

三手知识是畅销书，这些文字已经被改成公众可以理解、方便传播的文字，但是因为大众的认知能力较低，所以加入了大量的案例、故事以及不精确的概念。

四手知识是你常看到的：根据这些畅销书和理论，大部分人写了很多基于个人体验的鸡汤，加入了太多个人故事（比如，《我是如何一个小时挣到 200 万的?》）或者情绪因素（比如，《看懂这个不转就不是中国人》）。讲一个观点，灌你无数"鸡精"。大部分公众号、头条都属于此类。

跟随知识源头的人

如果你实在来不及看这些内容，记得跟随站在知识源头的人。因为他们是面对源头的，如果他们还比较会表达，那就真的是幸运了。

在我看来，"得到"专栏的作者、最近爆红的知识红人，都是这样的人，尤其像卓老板、万维钢、姚笛这些人。他们一个站在科技链条源头，一个站在优质图书源头，一个站在创业前沿，表述相当忠实和清晰。

如果你同时订阅几个专栏，很容易发现这些作者用不同语言在讲同一个道理。这个时候看留言，就看出不同人的心智水平了。心智水平比较低的人会说："你这个万维钢讲过，没意思。"心智水平比较高的人会意识到："你这个 ××× 也这么说，有意思。"后面的人意识到，源头总是聚合的、统一的，而不是各自不同的，这才是精华。多看几遍、多几个层次、多几个角度，比给你看另一篇一点儿破事讲一堆的文章好很多，效率也更高。

成为知识的源头

这个有点儿难度。我们在谈如何输出知识的时候再说。

所以在知识爆炸的年代，最好的方式是**辨别一二三四手信息，走向知识的源头，并与那些人站在一起。总有一天，你也会成为创造知识的人。**

朱熹说："问渠哪得清如许，为有源头活水来。"只要站在源头，你就永远是最新的。

功利读书法

一二三四手知识解决了读什么的问题，接下来谈谈"如何读"。我把这套读书方法叫作"功利读书法"。

你肯定已经意识到了，虽然我们区分了一二三四手知识，但在一个信息爆炸的时代，知识早就多到学不完。

但是那些大牛们，比如吴伯凡老师，他做《冬吴相对论》（一档脱口秀音频节目）的时候连稿子都没有，坐下来就出口成章。这些牛人好像总是在读海量的书，聊一些你完全不懂的概念。同样是 24 小时，为什么差距那么大？

时常也有人问我，你每天到底拿多少时间读书？

其实这不是一个时间管理问题，而是个认知效率问题。

比如你问一个人：

平时该干什么？

大家都学，比较慌，不如学学英语吧。

为什么学？

这个未来有一天总会有用的。

但是就没有什么明天马上有用的吗？

他就回答不上来了。

他根本没想过为什么学、要学什么。

我们从小听到的最多的一句话是，"怎么又在玩，没有读书啊？"而你只要一读书，不管有多慢、读什么书，大人就不打扰你了，久而久之，很容易形成一个概念：学习总没错。

这个思路是错的。在知识匮乏、非终身学习年代，学肯定比不学好；但是在今天知识爆炸、终身学习的时代，"为什么"（why）、"学什么"（what）、"如何学"（how），比"学就好了"（do）更重要。

介绍一个概念**"认知效率"：认知收益和时间精力之比。**

同样的认知资源投入，会有完全不同的回报，这就是认知效率的不同。认知效率低的人，都在做低水平的勤奋。牛人的真正

功利读书法

秘诀是在最精华的资源上，以高很多倍的认知资源来学习，认知效率是你的很多倍。高手的技术就是"投入产出的非线性"。

提高认知效率最有效的工具就是**"极强的目的性"**，我称之为**功利读书法**。

极其功利地少读书

一个新知什么时候习得效率最高？

认知心理学认为，成人学习有三个前提要求的时候效率最高，即**有目标导向、有即时反馈、最近发展区**[①]。简单地说，能解决当下问题的、学了有地方用的、难度适中的知识最有效。

为什么在国内学个英语口语 12 年都学不好，丢到国外 3 个月就能交流了？因为在国外，交流是刚需，有地方练习，老外对你的发音很宽容，难度适中。这种时候三个条件都具备，效率就高，学得就快。

所以你反过来也能理解，为什么刷那些"管理者必读的 ×× 本书"的书单，对你意义不大，因为这些认知资源的目的性弱，缺乏实践环境，且难度不一。

那些标题党的微信文章，比如《不看这篇文章，错过了一个亿》，更是凭空造出了一个"需要解决的问题"。你思考一下，即

---

① 维果斯基的"最近发展区理论"，认为学生的发展有两种水平：一种是学生的现有水平，指独立活动时所能达到的解决问题的水平；另一种是学生可能的发展水平，也就是通过教学所获得的潜力。两者之间的差异就是最近发展区。——编者注

使你真的遇到了能让你获得一个亿的方式，这是你当前的问题吗？这是你当前的水平吗？这是你学了就能用的东西吗？

我已经关掉朋友圈功能一个多月了，并没有错过身边任何值得学习的东西，因为我**学习的东西是极其功利的**——从遇到的问题出发，从我能实践的领域出发去找合适的认知材料。

这样一来，读的东西会少很多，基本解决了知识太多的问题。

极其功利地配置资源

《如何阅读一本书》中，给阅读做了几个分类：娱乐性的、知识性的和心智提升类的。如果拿爬山来做比较，娱乐性的是下坡，越走越舒服；知识性的是平地，能开动，但是略微费力；心智提升类的是爬坡，看起来会很累，但是真的会提升脑力和理解力，重新理解新观点会很快，也就是我们说的，学习力增强了。

很多人天天学习，学习力却没有什么提升。随着年龄增长，自己的脑力体力下降，于是觉得"年龄大了，脑子不好使了"，就是这个缘故。因为他主要的认知是娱乐性和知识性的——你哪怕读一辈子报纸，也不会增强学习力。

很多人给我留言，要我说人话！其实真正提升你的东西，并不会让你那么舒服的。

学习也是一样，**你可以根据认知目的不同，设定不同的目标，分配不同的资源。**

比如说我自己这个月的认知资源配置：

认知性阅读：《人类的群星闪耀时》《反脆弱》等书的写作技巧，为写书做准备。

提升心智的认知难度很大，属于"攻读"，需要有大段的时间和系统的阅读，我一般放在早上或夜深。最好还要配置高人讨论以及实践的环境。我找到了业内最好的编辑和作者，一起讨论如何写好有冲击力的书。

知识性阅读：各种行业调查报告、行业论坛，大量专业书籍，如《人生设计》《生涯混沌理论》《认识电影》《好好学习》。

知识性阅读的目标就是知道某事，所以特别适合碎片化学习和社交型学习。认知资源可以配置在上下班路上，用碎片化时间检索式地阅读，实在不行拜托别人读，然后交流。读的时候迅速判断是不是有用的知识，决定自己的涉入深度。

娱乐性阅读：比如《爱情刽子手》《理想的下午》，以及各种电影……

娱乐性阅读主要用来放松和陶冶，认知资源可以很低，累的时候翻几页，比如两次谈事之间读，有换脑子的感觉。

最好的书是三者兼有，不同时间能读出来不同功能的。比如说彼得·德鲁克的《旁观者》《卓有成效的管理者》，史蒂芬·柯维的《高效能人士的七个习惯》，罗伯特·清崎和莎伦·莱希特合著的《穷爸爸富爸爸》，文学作品中的《红楼梦》。

所以，一定要强忍住买书的欲望，**极其功利地分配资源——从你自己的需求开始，区分三种阅读，设定目标，分配资源。**

不要从第一页开始读书

最愚蠢的方式，就是直接找一本书打开第一页，然后往下读。

你旅行的时候，会和出车站见到的第一个人一直聊天，希望能找到这个城市里最有趣好玩的景点吗？显然不会。你可能会看看地图，找到几个地方，然后打车直接过去。

但是我们经常就这样学习，从第一页直接开始读，希望能学到有用的东西。

更好的方法是先选书——先看书评，中文的看豆瓣，英文的看国外亚马逊的评论，一般很有用。平行比较几本书，选择一本。

然后再看目录，一般的购书网站都有。大概知道书的内容和框架，有时候有趣的序也值得一读。

最后再看具体章节。直接切入重要的章节，系统学习则从目录开始看。

这样的确会用大概 15 分钟时间来选书，但是比起你在一本无用的书上花好几个小时，是不是认知效率提升多了？

有人会说，从第一页开始读不是更加系统吗？

第一，如果你脑子里面没有框架，看完全书也不可能有框架。如果把系统比作大象，你的认知和记忆区间是手掌，仅凭直线型地看书希望摸出系统就如盲人摸象，如果你脑子里没有全图，增加再多细节也没有用。

第二，也许你并没有配置更加系统的认知资源和时间，很多书半途而废，可能更加不系统。

极其功利地读书，按需分配地读书，不从第一页开始读书，有了目的性、认知资源以及带着问题读的三个筛子，要读的书应该会少 75%，阅读速度至少会提升一倍，那样就不会有太多知识烦扰你了。

为什么很多人做不来？

因为人的大脑是一个认知吝啬鬼，我们本能地选择最简单、最不耗脑子的方式，那就是拿起一本大家都在看的书说："读点儿书总没有错，大家都在读。"像巴甫洛夫的狗一样寻求阅读奖赏。

而功利的读书法在获得阅读奖赏之前选择了延迟满足——先找到目标，调整好资源，带着问题进入。就这三步，就让你跑赢 90% 的人。

好的方法，都是逆人性的。

萃取知识晶体

如果你知道学什么，也知道如何学，那么最后需要知道的，就是如何在需要的时候调取知识。

什么是努力学习又学不好？你看是不是这样：

> 书到用时方恨少，话到嘴边没地儿找，别人一说都看过；
> 只好感叹，你讲得真好。

唉，我是不是长了个假脑子啊。

我们今天来谈谈如何有效地调取知识。

先来谈一个学习中非常重要的概念——**知识晶体**。

一张银行卡，你存进去再多，如果不知道提取密码，就没法提现；知识也是一样。知识晶体就是知识的提取密码。大部分人学了很多，却因为不知道这个概念，没法提现，非常可惜。反过来说，有很多人学习上投入不大，只是特别擅长整理和结晶，也就是能从众多散乱的知识里拿出不错的产品。知识晶体是整个学习中最关键的一环。

我们都知道，石墨和钻石都由相同的碳原子组成，只不过钻石的碳原子之间形成了非常稳定的六面体晶体结构，这也是钻石是已知自然界最坚硬的物质的原因。钻石的硬度，来源于它的结构。

另一个例子是沙子和混凝土，散沙根本抓不住，一使劲儿就散了。但是混入了水泥和石块，这些东西之间形成结晶，散乱的沙子就能够建起高楼。

知识也是一样，知识量和知识点之间的架构非常重要。如果知识点之间能够形成稳定的架构，知识就形成一种"知识晶体"①。知识从散装变成了晶体，就变得不容易磨损，强度很大，也容易整体提取。

星座就是个特别典型的知识晶体。

满天星星谁都记不住，古人用自己的想象力把这些相距数千

---

① 这里借用《超越智商》一书中斯坦诺维奇提出的"晶体智力"（crystallized intelligence）的概念。

光年的星星连接起来，形成"晶体"（整合知识），然后再给晶体赋予美好的故事（形象化呈现）。

只要你受过几小时训练，在夏天的晚上认出星星不是难事。

唉，不过今天的北京，受多少小时训练都没用，看不着星星了。

知识晶体的多少，也决定了你的专业程度。前文中提到，心理学家西蒙发现国际象棋大师的工作记忆并没有显著高于常人，但是他们长时记忆里有 5 万~10 万个棋局组块。高手们脑子里都是一套套的知识晶体。

我遇到过一位 1990 年出生的小朋友，他就精于此道。虽然大学毕业才三年，他却已经是日薪 10 万元的企业咨询老手，可以搞定大部分打拼多年的企业家，靠的就是满肚子的知识晶体。

比如，大家都在谈女生生完孩子出来工作，很难做到工作、事业两不误，然后就是一顿抱怨，偶尔有人抖机灵讲俩金句。他基本会听一会儿，其实脑子里在搜索"晶体"，最后他会说："你们说的这个问题，根据心理学家萨柏的观点，其实是个人生角色平衡的问题。"

你看，知识量不是重点，让脑子里的知识形成多少知识晶体才是知识提取能力的关键。如果你看了想不起来，张嘴就忘，明明记得但讲不出来，那就**证明你脑子里没有知识晶体，只有知识豆腐脑。**

如何让知识变成知识晶体？下面是 4 种常见的知识结构：

关联，树状，序列，数据。你可以简称为"关书（树）叙

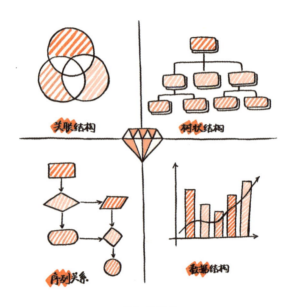

4 种知识结构

（序）述（数）"——知识晶体有一种让你关上书本，依然可以叙述的能力。

树状结构：体现事物层级、包含关系

树状结构其实是人类知识最常见的结晶，所以放在第一位。麻省理工学院计算认知科学实验室主任乔什用计算模拟了循环结构、星星结构、方块结构、链条结构等，最终用数学方法证明人类最佳的抽象知识结构是树形结构。

最经典的树形结构是书的目录。再比如，知识管理分为知识

储存、知识提取、知识呈现三个部分，是典型的树形结构。

这些层级用**首字母缩写的方式呈现**，就变成了常见的 ×× 法则，比如 SMART 法则^①、发现天赋的 SIGN 法则^②。

中文其实叫作口诀法。我在讲教学设计的时候提到"金贵十分恋"的口诀，分别代表"进入导语—规则—时间—分享要求—练习开始"。

把知识进行树状处理，编成口诀，就是一个好方式。

关联结构：体现事物相互关系

比如《超级个体》专栏中常常出现的金字塔结构，展现的就是一种"底层为基础，逐渐升级"的关系，比如马斯洛的需求层次理论。而漏斗恰恰相反，展示的是"上面不要就漏下来"的关系，比如求职金字塔。

还有典型的四分法，比如我们熟悉的 SWOT 分析^③——时间管理的"重要—紧急"四象限，展现的是两个维度评价的关系。

---

① SMART 法则是彼得·德鲁克提出的目标管理法则，5 个字母分别表示：目标必须是具体的（specific）、可衡量的（measurable）、可达到的（attainable）、和其他目标具有相关性的（relevant）、有明确的截止期限的（time-based）。——编者注

② 发现天赋的 SIGN 法则包含四大特征：自我效能（self-efficacy）、本能（instinct）、成长与专注（growth）和满足（needs）。——编者注

③ SWOT 分析法也叫态势分析法，其中 S（strengths）是优势、W（weaknesses）是劣势、O（opportunities）是机会、T（threats）是威胁，从而将公司的战略与公司内部资源、外部环境有机地结合起来。——编者注

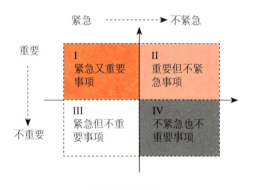

时间管理四象限

再给大家看一个好玩的图，展现出更有趣的三个元素两两重叠的关系。

好男人在哪里

公式也是关系结构，比如 $E=mc^2$，展现的是能量、质量和光速的关系。

这个公式我们也有用：定位 = 行业 × 企业 × 职位。

序列关系：体现先后、因果关系

序列关系是一种流程图式的知识结构，用来展现事情的前后、因果和逻辑关系。

最常见的就是工作流程图，比如说明书的步骤指南（第一步，第二步，然后是第三步）。再比如我提到的"不从第一页开始读书"就是典型的序列关系：找书—目录—章节。

一件事从上到下全做完才算完。

这些都是典型的因果结构。

数据结构：体现数量差异关系

最后一种知识结构是数据结构。平时常见的柱状图、饼图、增长曲线……数据结构图展示的是事物空间、时间上的差异性，这就不多说了。

有很多知识结构呈现之巧妙，真的是让人叹为观止，本身就自带美感，比如太极八卦图。

黑白两个部分平分秋色，代表阴阳调和、相互依存和平衡。

阴鱼的眼睛是阳，阳鱼的眼睛是阴，再增加一条动态弧线，展现出阴阳的相互依存、相互转化，对方就是转化的诱因和方向。这是时间和因果关系。

在太极图的旁边，3个连续或者断开的横条组合，形成八卦。这八卦两两重叠，展现出64种不同的卦象。

正如碳原子有清晰的结晶变成钻石，知识如果没有稳定的结构，往往会被低估。知识晶体是一种给你的学习内容提纯的过程，这并不是一件很容易的事，钻石的生成过程需要高温高压，黄金的提纯需要上千摄氏度的高温。

世界上没有什么"只要是金子总会发光"的事。如果不经过提炼，含金量高的石子和普通石头没有什么两样，你根本看不出来。你用这么长时间翻查了许多知识，相当于在家里堆了一堆矿石，请务必把它们萃取出来，成为晶体。

─────── 知识晶体萃取 ✂ 工具箱 ───────

大量看知识晶体

不仅要看，还要每次思考这个模型希望表达的关系。这一点我们《超级个体》专栏的订阅用户特幸运。我是个知识晶体控——每章节最后的导图、每个插图，都是一个知识晶体。《超级个体》专栏的内容更是每天都有一张知识晶体图。

尝试模仿知识晶体

看了一个模型，不妨凭记忆自己先画一遍，更好的方法是给别人讲一遍。

然后看看和原来的结构有什么区别，找到差距再调整。因为你的知识结构不同，呈现出来的方法、模式都会有所不同，时间一长，你脑子里的模块足够多，知识自动就按照模型存放了。

《透过结构看世界》一书也有类似的知识结构分类，分为 16 个类别

自己创造知识晶体

知道了知识晶体萃取的重要性，你是否可以尝试构建自己的知识晶体？

1. 最初级的是列表式的："关于……的 5 个技巧"。

好一点的晶体就有了"关书叙述"的结构，比如说时间管理矩阵、择业流程图、利润率分析表。这些晶体拿出来已经自成体系，比起你那些零零碎碎的观点值钱不少。

2. 更好的知识晶体则可以隐喻，这样都能完成从理性回归感性，更好地传播，比如生涯彩虹图，把生涯比作彩虹，而把不同角色比作彩虹的颜色。

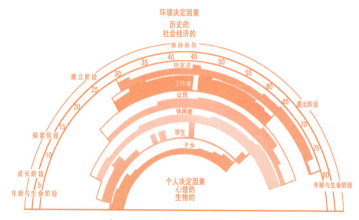

环境决定因素
历史的
社会经济的

维持阶段

持家者

工作者

公民

休闲者

学生

子女

建立阶段

探索阶段

成长阶段

年龄与生命阶段

退出阶段

年龄与生命阶段

个人决定因素
心理的
生物的

唐纳德·E.萨柏的生涯彩虹图

而职业生涯三叶草模型很形象地说明了一个好的职业，兴趣、能力、价值三者互相强化的关系，以及互动循环的关系。

"ABZ 职业计划"一听就知道意思：一个好的职业计划，应

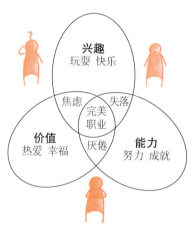

兴趣
玩耍 快乐

焦虑 失落

完美
职业

厌倦

价值
热爱 幸福

能力
努力 成就

职业生涯三叶草模型

该包括正在做的计划 A，一直想做但没机会做的计划 B，以及万一出问题垫底的计划 Z。

　　找到知识源头、极其功利地读书、萃取知识晶体，这就是提高认知效率的核心方式。

联机学习者：成为知识的路由器

提高认知效率是一条勇猛精进之路，它能让一个人很快学有所成，获得值得的回报，成为一个有知识的人。但是真的高手却不止步于此，他们会看透知识背后的更底层价值——借助规律，放大投入，达成跃迁。

"学五渣"的美国大学申请术

先讲一个传奇故事。一个国内的穷学生（我们叫他"学五渣"），想要报考国外一个大牛导师的研究生，因为这样能拿到全额奖学金。但我们故事的主人公平时也不太努力，GPA（平均成绩点数）不高，在国内读的大学也不算好，赢不过那些托福、GRE拿高分的人。经人指点后，他决定试试"套瓷"的方式。

申请国外大学不仅仅看成绩，也看你整体的学术思维，以及和老师的关系，因为未来老师需要靠你干活。国内学生对于所谓全额奖学金的理解有偏差——一个美国人对你无欲无求，出钱出力给你读书？不太可能。全额奖学金其实是全额助学金：助教费或助研费。美国正式的科研人员薪资很高，每年有 5 万~8 万美元，而中国学生听话，要的钱又不多，值得多入手几个。

言归正传，这个学五渣想了一招：他发现这位国外大牛刚出版了一本学术书籍，想找点儿套瓷素材，哪怕提几个问题呢？无奈拿回来一看，密密麻麻，完全看不懂。

他灵机一动，去找自己化学系的主任："主任，我最近想做点儿学术研究，在看这本书，其中有几个问题不懂，您能给我讲讲吗？"

化学系主任接过书，心里微微一颤，这小子可以啊，国际大牛最新著作。系主任那是经过大风大浪的，微微沉吟，轻描淡写："好，我现在有课，你明天下午来吧。"

当晚回家，主任书房孤独的小台灯亮了一夜。

第二天见面，主任简单地讲了讲书的大意。为了表现出水平，说："当然了，这本书也有一定的局限性，比如说……"学五渣全部认真记下来。干吗？准备原封不动地翻译成英文，发出去啊！不过翻译也得要理解啊，他搞到凌晨三点，总算翻译完，发送，睡觉。

> 亲爱的 ×× 教授，我是一名来自中国的普通的化学系学生。我在阅读您的大作，觉得非常专业又有趣……（马屁，省略几百字）。下面我冒昧地提出自己一些非常不成熟的见

解……（当然，都是照搬化学系主任的原话。）

第三天早上，学五渣收到了回复邮件。看来海外学术大牛也吃了一惊，大三学生有这个思想深度不容易。他以为自己是当代哈代遇到了拉马努金①，立马回信，附上自己的一些观点。

又是一顿狂翻书、狂理解，总算差不多明白大牛在说什么，于是下午又去找化学系主任。

主任正坐在办公室里抽烟，看到他又夹着这本书来，心头微微得意——不明白我说的是啥吧。

学五渣坐定，掏出书放在桌上，一脸讨好，说："主任啊，我看了您的指点，收益很大。我想了下，有一些自己的观点不知道对不对……"

于是，你能想到的，他又把学术大牛的话说了一遍……

主任家书房孤独的小台灯又亮了一夜。

就这样来来回回好几次，直到他顺利申请上了这位海外大牛的研究生，同时也谢绝了国内导师的邀请。

也许有人会担心，这样的三脚猫功夫，真的可以胜任未来的学术研究吗？

可以的，这位学五渣无意中使用了最有效的学习方式——联机学习，成为知识的路由器。在来回翻译信件，不断地把双方的

---

① 拉马努金是印度史上最著名的数学家之一，没有受过正规的高等教育，后被英国三一学院哈代教授发现。——编者注

语言翻译成自己的话传播出去的过程中，他不知不觉地在这个细分领域有了深远的洞见。这些洞见配合专业知识，让他短期内实现了巨大飞跃。

李小龙的快速崛起之道

李小龙是第一位在国际舞台上屹立的华人巨星，更是功夫高手。李小龙对于武术界的影响，绝对不仅仅是泰森这种一代拳王对拳坛的影响，他还是一位开创者。他是武术思想家。他把哲学、健身、舞蹈、中国传统武术、跆拳道、空手道、菲律宾短棍术、柔术等相融合，形成一门独特的功夫。事实上，功夫的英文"Kong Fu"，就是他创造的。《时代周刊》评选他为 20 世纪最伟大的 100 人之一。日本则尊称他为"武之圣者"。

要知道，李小龙刚到美国的时候，19 岁，练习过几年咏春拳，但也不是最杰出的。而他 24 岁受邀作为嘉宾出席加州长堤国际空手道锦标赛，在唐人街打败其他中国武术高手时，已然有一代高手风范，其间只用了 5 年。是什么让他在短时间内，在武术思想和造诣上有那么快的发展？除天赋以外，他是怎么学习，从而快速成为高手的呢？

李小龙也许是中国武术界第一个联机学习者。当时的武术界相对封闭，一人拜入某个流派，一日为师终身为父，未经允许学别家的功夫就是欺师灭祖，更别说公开传授了。李小龙没有这种门派之见，大二开始他就租了个停车场开始教授咏春拳。这吸引了大量的功夫高手，他最早收的两名学生，一个练习柔道，一个练习空手道。李小龙不仅教授功夫，还教授课堂上刚学到的哲学和心理学，搭建起自己的武术哲学体系。整合了传统中国武术和西方哲学心理学的这套功夫后，李小龙将其命名为截拳道。这是他传授给世界的第一个知识模块。

李小龙的截拳道是开放的，宗旨是"以无法为有法，以无极为有极"，没有门派之别。他经常从弟子那里学习他们的武术，迅速整合入截拳道又分享给更多弟子。学习—理解—分享，是非常快速的小循环，他自己的功夫逐渐集大成。

万维钢曾经这样点评："只有在竞争不充分的领域，才有流派。"李小龙就是一个无门无派的人：《精武门》里酷炫的双节棍，是他从美籍菲律宾武术家伊诺山度那里学的；《龙争虎斗》里标志性的高踢腿，是他从跆拳道高手李峻九那里学到的，他也分享给对方隐秘出拳的秘诀；他的体格趋近完美，那是用西方健身系统训练的功劳；他的步法灵动，很大程度上借鉴了拳王阿里的蝴蝶步。

学五渣在中美导师的思想交锋中获得自我跃迁，李小龙用5年的时间自学成为一代高手。这两个不相干的案例一个最大的共同点，不是自己找答案，而是联机学习，"用答案换答案"。相比于过去"学习—思考"的单机学习，这是一种镶嵌在社会网络之中的学习方式：

1. 先打磨第一个知识模块；

2. 抛出去，换回别人的知识模块；

3. 重复前两步，积累足够多的知识模块；

4. 整合出自己的体系，实现知识跃迁。

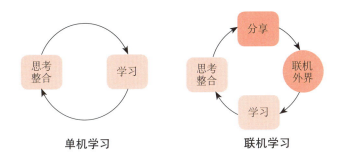

单机学习　　　　　　　联机学习

这种学习方式之所以让人一开始不舒服，是因为它超越了我们原来的学习方式。

过去自己学自己悟，才是真本事。信息爆炸时代，**"调用"和"整合"他人的答案**，显然更加重要。

过去一定要自己完全学通了，大彻大悟了才出来教别人。100分教5分的人，老师站着讲，学生"跪"着听；信息时代，往往是一个15分的人教5分的人，大家商量着来，偶尔学生还能教老师几招。

在传授稳定的、系统化的知识层面，前者更优；但是在学习最新的，还未有人整理过的知识方面，后者显然更快。

认知德扑：用答案换答案

我们可以设计一个"认知德扑"的思想实验，进一步看清这种效应。

德扑的游戏很简单，每桌有 5 张公共牌，每个玩家手中各自有两张牌，最后谁手中的牌与桌面上的公共牌凑成的组合最大谁就赢。

在认知德扑实验中，每张牌都是一个知识模块，每个人拥有一定的"私人知识牌"，包括自己的一些专业和个体经验；也拥有桌面上的"公共知识牌"，包括共同的书、论文和信息；最终目标就是比赛谁能用私人牌和公共牌凑成一套解决方案。

比如，有人摸到了"讲故事"，又摸到了"禅宗"，桌上公共牌里还有"硬件发展""硅谷""移动互联"，于是就打出组合牌"iPhone"（苹果手机）。成功是运气加智慧凑成的一手好牌。

认知德扑实验和真实德扑一个最大的区别，认知德扑允许你用好牌换别人的好牌，因为一份知识分享后就等于两份，前提是你分享的内容要足够好。这样一来，至少有三种策略能胜出。

策略一：自摸。

策略二：和桌子上其他有好牌的人互换。

策略三：同时参与几桌牌，都抓到手里，分享换牌，再打出去。

很清晰的结果，策略一最慢，策略二能赢，策略三能出天牌。

这就是三种学习思路。

- **自学**：自己找答案；
- **联机学习**：和同行交流，用答案换答案；
- **跨界联机学习**：跨行学习交流，用答案换答案。

你是哪一种思路？可以看看自己遇到问题时的第一反应：

· 遇到问题，苦思："这可怎么办？"想一晚上不得；

· 遇到问题，找书："哪里有答案？"开始通过网络、书来找资料；

· 遇到问题，找人："谁最有可能知道这个答案？在这之前我要准备些什么？"然后准备沟通，提出高质量的问题。

联机社交学习才是最快的学习方式。人类历史上三次最著名的知识大爆炸，都是跨界联机学习的直接成果。

春秋战国百家争鸣

春秋战国是中国哲学思想大爆发的时代，逍遥的老庄、儒雅的孔孟、兼爱的墨子、政治男韩非子……道家、儒家、墨家、法家、名家，百家争鸣。接下来的两千年，基本就靠这些哲学体系过了。为什么春秋战国时期会爆发这样大面积的百花齐放？

这和当时诸侯大量养士有很大关系。士就是各领域的技术高手。班固在《汉书·艺文志》里写道："道家者流，盖出于史官""儒家者流，盖出于司徒之官""墨家者流，盖出于清庙之守""法家者流，盖出于理官""名家者流，盖出于礼官""阴阳家者流，盖出于羲和之官"……

当时周朝已经开始分崩离析，封建社会雏形初现。各诸侯为了自保，流行"养士"：把技术人员汇聚在一起，管饭，大家不用困于工作，可以坐在一起开脑洞，讨论乱世来了，该如何治世。这个阶段被称为"百家争鸣"。

古希腊文明诞生

公元前 476 年，最后一位周天子下台，春秋时期结束。就在 6 年后，在西方世界的一个港口城市雅典，一个塌鼻子、大脑门，长相极其不喜庆的小孩出生了，这个人将成为西方文明的启蒙者，他的名字叫苏格拉底。

罗素在《西方哲学史》中这样解释为什么希腊雅典会成为西方文明发源地。当时的雅典气候宜人、物产丰富，大部分人不需要辛苦工作也可得温饱。历史学家并没发现那个时代有时尚和资产的概念，大伙儿也没啥可攀比。苏格拉底本人就经常搞个大毯子，白天当衣服，晚上当垫子。这意味着大伙儿有闲情逸致，可以谈谈人生。同时雅典也是地中海航线的交接之地，当地人很早就能接触来自不同地区、民族、语言的商品和文化。

希腊文明的第一批哲学家迫切想解释这个世界的本质，他们不断思考这些问题：**世界从哪里来？它由什么制造？事物的本质是什么？如何用统一的方式描述它？**他们的学生上午完成简单的工作，然后用一整个下午讨论这些问题。第一批哲学家、科学家、教育家——苏格拉底、柏拉图、亚里士多德的思想都诞生于这些讨论，成为科学、哲学、民主之源。

文艺复兴

近代科学文化大爆发则是指文艺复兴。漫长的中世纪过去，商业开始在意大利复苏，威尼斯等城市成为世界的贸易中心，佛罗伦萨则成为纺织业中心。商人们带着各自的观点来到这里，让这里成为智慧的枢纽。商业活动带来巨大财富，也让艺术家有机会创造大型公共和私人艺术品，个人有很多时间学习。

文艺复兴与一个意大利银行世家美第奇家族直接相关。这个家族深谙知识大爆炸的机理，他们出资帮助各学科、众多领域里有创意的人，并时常举办聚会，探讨艺术问题，探讨人的价值。看看他们的赞助清单：达·芬奇、米开朗琪罗、伽利略、马萨乔……这个家族被称为文艺复兴教父（Godfathers of the Renaissance）。历史上把这种多元文化的知识爆炸称为"美第奇效应"。

这三次人类知识大爆炸，都有显而易见的共同点——多元、互联、跨界，最终形成知识跃迁，创造出大师辈出的年代。

今天的联机学习

今天的互联网拥有和文艺复兴时期的意大利一模一样的条件：信息随手可得，连接无处不在，不同学科交融，我们也面临各种层出不穷的大问题。

现代社会这种跨界的联机学习无处不在：

- 布朗大学一组分别从事数学、医学、神经科学以及计算机科学的专家群体，共同揭开了猴脑思考的秘密，引起了全世界的轰动；

• 工程师与生物学家合作了解贝壳坚固的理由，把知识运用到坦克和装甲车外壳上；

• 1976 年，生物化学家理查德·道金斯出版了《自私的基因》一书，从全新的角度解读进化论。他认为进化并非出现在物种或个体身上，而是基因在进化，因此基因是"自私"的。这是非常棒的一本书，也为他在生物界带来了声誉。

但是有趣的是，为道金斯带来更大影响力的，是书里看似无意提出的一个观点——如果说生物通过基因进化，那么人类社会则通过文化基因进化。他创造了一个词来对应生物基因（gene），即文化基因（memes，模因）。

今天，最新的知识的源头并不在某个教授的脑子里或一本教科书的某一页，它们在大脑和大脑的碰撞中，在问题和知识的交会之处，在一线高手的实战之中。

要和知识源头联机。

单机学习　　　　　联机学习

如果知识大爆炸这么好玩，为什么不在自己身边试着做一个？你可以尝试搭建自己的联机学习网络。不得不说，就在 2017 年，这种方式彻底改变了我对于学习的观点。个体的学习循环"认知—理解—践行—学习"再快，也只是发生在一个个体之中。

但如果一群大脑互联形成网络，"认知"很大程度上就可以分包，你不需要懂，只要知道谁知道就好；以前我遇到问题，经常思考"该怎么办"，现在我总在想"谁会知道答案呢"。

更酷的是，如果这群人相互信任，最花时间的"践行"都可以直接调用——其中一个人可能早就是其中的高手，给够钱，让他干就行。

当一群相当的大脑互联，会变成一个"知识量、理解能力升级"的集体。他们的个体能力被指数级放大，是蚂蚁和蚁群的差距。这有点儿像全真派的"北斗七星阵"，单个人虽然战斗力不强，但如果 7 个人配合好，观察范围变大，一个人只负责正面进攻，不用管背后，力量也更加集中，这样就很厉害了。

联机写作

我们在第一章探讨过，任何一个领域一旦有能大幅提高效率的新技术，这个领域的核心竞争力就会变化。在一个认知和技能都能外包的群体里，**什么是最重要的技能**？

突破点只剩下两个：提问能力和整合能力。

想想那个"认知德扑"的比喻。在这样的局里，你最重要的能力不是抓牌，而是迅速打组合牌的能力。最会打组合牌的人会赢。说得更远一些，这也应该是人工智能时代人类最重要的技能之一。另外一项技能则是"如何抛出有创造性的问题"。机器也许比你搜索速度更快，但是机器没法提出足够有创意的问题。

《跃迁》这本书，我就尝试用群体学习的方式来写作。这里分享几个要诀：**多元、高频、提问、结构、汇聚**。

多元：我找到《超级个体》的 KM[①] 里最优秀的几位，组成一个跃迁群思考网络。我们按照多元化理念设计这个群，他们中丛挺是大学教师，姚琦是飞利浦研发经理，熊斌是医学博士、出版界的老编辑，王方是华东师大教育学硕士，侯定坤是内容创作高手，策划人燕恬是十点读书会创始人、出版领域高手，于淼是橙子学院创业元老、极有悟性的运营人——这些人都属于高智商人群，抱着对于智力挑战的热爱拿到高学位，毕业后肉身却陷在重复无聊的工作里——这个群的目标就是激发他们巨大的乐趣。

高频：高频次沟通会增加跃迁的速度，我们的研讨节奏是每天一次。

提问：好问题是发动机。在写作期间，每天早上，我都会抛出一个和本书有关的主题："为什么聪明和善良一样重要？""你有哪些跃迁的例子？""你生活中最大的一次跃迁是什么？""能否找到

---

① Knowledge Mining，意为"知识挖掘师"，这是我从数据挖掘里面借鉴而来的，我预计在内容变现时代，KM 会成为一种重要的职能。

一个具体的高手战略的案例？""请举出一个大神战略的反例"……

结构：这些问题最好有一个结构共识，比如，场景—分析—概念—案例，或者数据—技术—金句。

汇聚：大家各自找资料，放到有道云笔记中。等着晚上 8 点半在群里沟通，在各自简单的汇报以后，大家打开脑洞，尽兴收场。平时有什么想法也丢在里面。这本书的很多灵感、逻辑、案例、数据都来自这个神奇的跃迁群。

也许有人担心这样会不会浪费时间？会不会整晚都没有什么重要收获？

有一天群里有人发言，担心自己发言质量不够好，跟不上大伙儿。我回复他，"群里没有什么高下，我们就是因为不同的背景才被召集在一起，所以表达自己认为最好的观点就行"。

不过并不是每个晚上都聊得这么尽兴，也并不是每个观点都有价值。是的，这个群整体带给我们的回报，远远大于单机学习。

因为**一个知识跃迁群的点子质量，也符合幂律分布**——大多数的建议是平庸的，赶不上群里最有见识的几个人。但是这种简单的规律会带来跃迁，一定会产生闪亮的、远远超越单个人的顶级点子。你看到的"认知德扑"实验，就是上面那位发言的伙伴的点子。

当一个绝佳点子和视角出现，整个群就随之跃迁一次，然后在这个基础上，我们再整体跃迁——这种感觉，用一个跃迁群里的伙伴的话来说：

你能听到快速进化时，耳边的风声。

思想夜宴

如果你想体验这种群体跃迁，又不想采用写作或者做项目这么苦的方式，你一定要试试简易版的"思想夜宴"。

1. 准备：

找到 4 个不同领域、对思考有兴趣的朋友，然后请他们每个人再邀请一个朋友来，要求只有一个：愿意主动贡献想法，尽量多元化，彼此不要太熟！

群体跃迁，只会在去中心化的系统里出现。我们有一次聚会的时候来了一位金融界的顶级大咖，一开始介绍完，大家都发出"哇"的惊叹，纷纷鼓掌。我心里想，坏了。果然，整个晚上只要是他说的观点，大家都没有或不好意思反驳。整场下来，粉丝们很兴奋，他自己倒是没劲了。他并不缺粉丝和发言机会，他的思维也没有什么突破。

我告诉他问题就出在中心化上，下次介绍自己，尽量要低调，就说自己是一个做研究的。这样，愉快的打脸就来了，他很热爱思想夜宴。

2. 提前拉群，在群里丢出几个话题，大家选择最想聊的那一个。话题越具体越好，比如，不要问"如何从小到大做好一个知识品牌？"而应该问"我现在就想在中国推广正念冥想这个理念，如何快速施展影响力？"越清晰的话题，越容易提前准备。

3. 激发：

（1）8 点吃完晚饭以后开始。不要约饭局——集体吃饭和集体思考不兼容；

（2）主持人控制时间和节奏，可以打断。记录员简要记录所有内容；

（3）第一轮每个人用 5 分钟简单说说自己的想法，控制在 1 个小时左右；

（4）休息，足够长的聊天时间方便私下交流意见；

（5）第二轮，自由发言开喷。70 分钟左右；

（6）收获最大的人买单。

4. 成果：

（1）不要着急当晚出结果，当晚出的结果往往都不靠谱；

（2）第二天把记录发给所有人，约定有新的成果，一定再丢进群里继续讨论；

（3）不要期待每个人都靠谱，每次大概有一半的人靠谱就好。

每次换一半人，大概 3~4 次以后，会形成一个相对稳定的组织，你们的思考质量相当、领域互异，但是彼此都信任对方的智商，互为对方的大脑。这个小群体开始熟悉对方的主题，随时在线沟通，也自动在为对方寻找资源——这种大脑联机的小团体有一两个，在专业领域会有巨大的成就。

如果你读完很想试试看却又有点儿忐忑，可以去我的公众号"古典古少侠"（ID：gudian515）输入"思想夜宴"找到更详细的攻略，希望能帮到你。

终身提问者：问题比答案更有效

知识树 vs 问题树：以问题为中心

讲到这里，我们似乎遇到了一个自相矛盾的问题。一方面我们强调要聚焦、要专注，另一方面我们又认为多元有闲是个必要条件。当达·芬奇收到美第奇家族的邀请参加某个沙龙时，他显然不知道会有什么收获、会遇到谁，就好像闲暇时间你点开一个信任的微信公众号，或者参加一个周末沙龙，你并不知道会学到什么。

到底是要专注，还是要多元？

这牵涉到一对概念的区分：知识树和问题树。

著名博主和菜头在一篇文章里提到，他曾给罗振宇提过这样的建议，"得到"应该做一个人类知识的"知识树"，让每一个领域都按照专业难度列出一个树形结构，然后对应一系列的书。我们只要根据自己的水平对应查询，进行一系列的阅读，就能解决学习问题。

但和菜头马上敏锐地意识到这个思路的困境："我很难说有什

么书是全无价值的，甚至我都不能说出，自己在特定领域的进展是依仗了哪些书？……我被卡在这里，我在 B 领域随便翻翻，却突然看到某个方法、思路，让我一下理解了 A 领域那个被卡住很久的问题。"

知识树的思路，是典型的专业知识细分的学习路径。工业化时代分工高度稳定，每一个领域都相对独立、发展缓慢，一个人有机会学完一个细分领域的所有知识。沿着一棵长成的大树向上爬，这种学习路径效率最高。

但在一个高度变化、多领域跨界的时代，完成任何任务都需要调取多领域的知识，全部靠自己学习显然来不及。哪怕你要写好一篇公众号文章，也需要有很多跨领域的知识——你要理解心理学以抓痛点，要理解传播学以改标题，要懂得运营公共关系来弄清发布渠道，要知道如何高效写作与搜索资料，还要有美术知识帮你选择合适的版面设计。全部学完，哪怕挑重点学也需要两年时间。到那个时候，也许公众号的热潮都过了。

学习的速度，跟不上遇到问题的速度。这是你焦虑的根源。

所以你没法不焦虑——聚焦于一棵知识树，会让自己受限；但如果跨出专业，这个世界上有读不完的书，以及非常多"学了一定有用"的知识。

这种知识焦虑就是全民学习热的动力，不过这股热潮只停留在"如何学习"，而不是"学来干吗"的思考上。

一名叫作斯科特·扬的学习高手声名鹊起，他利用自己的学

知识困境

习方法，10 天搞定了线性代数，一年学完了麻省理工学院四年本科课程，还出了一本书《如何高效学习》。书里提到的"整体学习法"很值得一看。

但是我始终未查到他的学习动机。我查阅了斯科特的博客等资料，并没有找到他在学术和其他领域的更多成就。唯一看到的是他把书从 1 本出到 4 本。迄今为止，他最成功的输出，就是教别人如何学习。

如果把快速学完课程并拿到学分作为一种技术，那么这种技术的确值得学习。但如果把这个叫作"快速学习"，就有点儿跑题了。在知识大爆炸的时代，即使这种学习速度也赶不上这个时代，而且人工智能学习速度远比你快。

一开始我们靠兴趣，但是兴趣多变；然后我们追新知，发现新知进化得比我们学习的速度还快；之后我们回身去读经典，却发现经典一辈子也读不完；于是我们开始寻求底层逻辑。

今天，真正串联一个又一个知识的，**不是学科知识，而是场景问题**。学海无涯，终身学习者很容易陷入为学习而学习的窘境。你需要一棵"问题树"。

和知识树不一样，问题树依托**一个真实的、高价值，并有可能被解决的问题**来展开。它包括 4 个方面：

- 我们面临什么样的问题？

- 我们如何知道自己已经解决了这个问题？

- 我们会遇到哪些挑战和障碍？

- 我们有什么可能的解决方案？

以上 4 个问题会出现很多关键词，指向各个领域，每个领域又会产生新的关键词，然后生长成一棵关于这个问题的"问题树"。

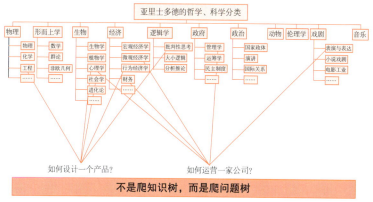

不是爬知识树，而是爬问题树

亚里士多德的知识树和"产品设计"、"公司运营"的问题树

问题树创造知识体系的过程和网络搜索的方式一模一样。你在谷歌输入一个关键词，几毫秒内，电脑生成了一个页面。请注意，这个页面不是世界上"现存"的，而是为了你输入的这个关键词"生成"的。谷歌为你的提问"生成"了一套知识体系。你提出一个问题，就相当于在你的大脑的空白框里输入了这个关键词，从此，你过去的知识、人际网络、生活经验都和这个关键词连接起来，逐渐长成自己的问题树。

人类的天性在认知上是吝啬的，很懒惰，学习和思考是一件非常耗能、逆人性的事。所以，如果一个知识不能被用来解决问题，就不值得学习。

你需要的，是用来解决问题的知识。

你要学什么？答案就在于你要解决什么样的问题。增强学习动力的最好方法是找到你真正感兴趣的问题。关于专注和多元的解释在这里也实现了和谐统一。

专注于你的问题，调用多元知识。在目标上专注，在手段上多元。

未来没有专业，**真正的专业是你"特别擅长解决某类型的问题"**，才不会管你调用了哪些学科。

提问的力量

出一道题，考考你的记忆力：

有一辆车，车上有 8 个人；

第一站，上来了 3 个，下去了 5 个；

然后，上来了 5 个，下去了 8 个；

然后，上来了 8 个，下去了 3 个；

然后，上来了 2 个人，没有人下去；

然后，上来了 4 个人，下去了一半的人。

现在请问，车走了多少站？

你可能会说我耍流氓，你为什么不早说？

这个游戏凸显出我们日常的一个困境——当信息多到你记不住的时候，你就会散焦，丢失真正的答案。唯一的解决方法就是提问。提问比答案更有效果。

提问抗折旧

我们做账的时候，经常会有一个折旧率。比如说如果你的手机 3 年一换，那么这个手机折旧率就是 30%。但是比电子产品折旧率更高的，就是知识。

18 世纪，知识更新周期为 80~90 年；19 世纪缩短为 30 年；20 世纪六七十年代，一般学科的知识更新周期为 5~10 年；到了 20 世纪八九十年代，许多学科的知识更新周期缩短为 5 年；进入 21 世纪，许多学科的知识更新周期已缩短至 2~3 年……也就是说，你大学一年级学的东西，很可能大四毕业的时候就已经完全没用了。

不信，问问你身边的同事，他们大学学到的知识在工作里用到多少？

怎么应付知识折旧？两个方法：第一是多读不容易折旧的经典，就是我在前面说的一二三四手知识；第二就是不断更新最新的内容。不管是哪一种，你都需要不断地问自己："这个能更好地解决我的问题吗？"

提问即思考

提问的能力，最能看出一个人思考的深度。

比如说"书读不过来了"这个话题，大部分人的思路是感叹下，抱怨下，讲几个笑话。但是我常常会连续追问 6 个"Why"（为什么）。

1W：为什么书读不过来？

答：因为方法不对，且知识太多。

2W：为什么知识太多？

答：因为筛选不够，也因为专业细分和知识爆炸。

3W：为什么非要学完这些知识？

答：其实也不一定要学完，只要学到其中有用的就好了，有些领域有人懂，问人就好了。

4W：怎么才能判断哪些是学了有用的知识？

答：最高效率、最妥善解决了你的问题的。

5W：你有什么问题？为什么这个问题对你这么重要？

答：这往往涉及个人价值观的层面，每个人都有自己的大问题。

6W：人为什么要解决问题？

答：……

你能明显地看到，越是往下，思考越深入——当回答 1W、2W 的时候，大部分问题可以通过技术和策略，比如说"××读书法""××书单"来解决。当回答 3W、4W 的时候，思考就变成了系统和判断标准；如果你继续追问 5W、6W，就会发现你逐渐进入了价值观和哲学层面。这是一个 How（怎么做）—What（做什么）—Why（为什么）的过程。

提问式学习

所以爱因斯坦说："如果我必须用一小时解决一个重要问题，我会花 55 分钟考虑我是否问对了问题。"

提问即创造

提问会倒逼你更新知识、深入思考，但是为什么提问会带来创意呢？

先了解下创造的本质：创造是一个"思想组合"的过程。

美国神经科学家乔纳·莱勒在《想象：创造力的艺术与科学》一书中说，以前，想象力被认为是一种独立的东西，跟其他认知能力分开；最新研究表明，这种假定是错误的。创造力包含多种认知工具，每一种只适用于特定种类的问题。**有三种形式的创造：一种是灵感迸发，一种是厚积薄发，还有一种是即兴发挥。**

所以要搞清：我们面对的难题是需要灵光乍现、跳出框框，还是可以一点一点地慢慢加以解决？这个问题的答案决定了我们是应该喝点儿啤酒放松一下，还是喝一罐红牛打起精神；是冲个澡还是在办公室熬夜，或者直接上场张口就说。

但是不管哪一种，创造都是一个面对难题、在脑子里不断把过去的模块进行各种组合，最后产生解决方法的过程——灵感迸发型的创造是跨领域组合，厚积薄发的创造是同领域组合，而即兴发挥的创造是知识和场景组合。

这像极了搜索引擎的工作方式。百度是这样工作的：当你搜索一个关键词，它就会抓取世界上所有的网页，并罗列出来，按照重要性和相关度组合出一个页面给你。

据说，每天谷歌有 34% 的关键词是从来没有被搜索过的，也就是说，当你输入一个以前没有搜索过的关键词组合时，你是在"创造"一个世界上未出现过的网页！

你的大脑只有 1.4 公斤，由 1000 亿个微小神经元组成，每一个神经元与其他神经元都有 5000~10000 个连接点，总连接超过 500 万亿。你的大脑比所有互联网在一起还复杂——当你给自己提出一个问题，大脑里面发生的事情也是一模一样——你输入新的关键词，与之相关的回忆模块在你的大脑里创造，组合并重新产生新的连接，形成新的答案……你的潜意识一个个点开这些答案连接，直到有一天，"叮"的一声，一个完美答案出现！这就是创作的过程。

人的大脑在成年以后，依然还会进一步成长，提问是成长的催化剂。

很多伟大的创意来自解决一个有趣的问题。

Airbnb 的两位创办人乔·格比和布赖恩·切斯基都想知道："在每年中的那个时间段，为什么来这座城市的人会很难找到酒店入住？"

20 世纪 80 年代，英特尔公司还是一个存储器公司。面对日本存储器厂家的低价策略，英特尔连续 6 个季度出现亏损。1985 年的一天，英特尔总裁安迪·S. 格鲁夫在办公室里与董事长兼首席执行官摩尔谈论公司的困境。格鲁夫问摩尔："如果我们下了台，另选一名新总裁，你认为他会采取什么行动？"摩尔犹豫了一下，答道："他会放弃存储器的生意。"格鲁夫目不转睛地望着摩尔说："你我为什么不走出这扇门，然后自己动手？"1986 年，公司提出新的口号："英特尔，微处理器公司"。英特尔顺利地穿越了存储器劫难的死亡之谷，实现绝地翻盘。

为什么运动员的小便不多？ 1965 年，美国佛罗里达州立大学的橄榄球教练德韦恩·道格拉斯想弄清楚这个问题。他看到自己的队员们在场边喝了很多水，但没有人上厕所。道格拉斯把他的疑问告诉学校的肾脏医学教授 J. 罗伯特·凯德。凯德意识到，因为队员们不停出汗会流失大量体液，而这些体液就需要水来补充。他马上开始调制一种可以补充通过汗液流失的电解质的新饮料。凯德让新生橄榄球队的队员饮用他调制的饮料来进行测试，这支橄榄球队很快就在练习赛上将高年级学生击败。这款饮料就是逐渐被人们熟知的佳得乐——以该球队的吉祥物命名，而它也由此开创了运动饮料行业。现今，该行业的市值近 200 亿美元。

在任何情况下，问"为什么"都可能是引起改变的第一步。如果能先于别人发现一个难题——都不需要解决——你就获得了一个创造一家新企业、一项新事业甚至一个新行业的机会。这就是提问的力量：一个好问题是你开始创造的第一步。

时代是水流，答案是河岸，而问题是船只。

在水流不太快的时代，你可以在河岸上慢慢走，也许跟得上水流；但在知识爆炸、洪流的时代，你只有登上船只，才能保持和时代同步。守在岸上，只能被远远抛下，望洋兴叹。

所以我们写作、做知识产品的目标，是不是也应该从罗列知识，到勾引大家提出足够好的问题？

为什么每天进步 1%，却还是没有太多长进

你一定看过这道"科学励志"公式：只要每天进步 1%，如果持续迭代，一年下来就会有 37 倍的增长，你会变成更好的自己；而反过来，如果每天滑坡 1%，则会变成渣渣……

1.01 法则　$1.01^{365}=37.8$

若是勤勉努力，最终会获得很大的力量。

0.99 法则　$0.99^{365}=0.03$

相反地，稍微偷懒的话，终究会失去实力。

这个复利算式简单清晰，不明觉厉，看不出什么毛病，号称"硬励志"。

不过一年下去了，谁真的增长了 37 倍，谁又糟糕到只有上一年的 0.03 啊？为什么成长复利公式无效？

因为复利不是这么算的。

形成复利要满足两个条件：

• 每天的收入迭代到下一次增长中去；

• 不损失本金。

放到成长复利上，意味着：

• 今天学到的知识，明天要运用到新一轮的知识学习中去；

• 不能忘记。

大部分人的学习都不满足这两个条件。首先是知识无体系化，今天学到的概念和明天知道的内容显然没法叠加到一起，互相不产生作用。这样一年下来，不是增加了 365 次方，顶多是增加了 365 个 0.01，即 3.65 倍。

3 倍多也挺好啊，问题是你还总忘记一周前学到了什么，有什么令你印象深刻。估计忘得差不多了。这样一来，可能辛苦积累了 1.03，一周以后退到 0.96。所以一年下来，你成长个 20% 也就了不得了。

如果你一直以来都在碎片化学习、碎片化思考、碎片化体系、碎片化问题，终将劳而无功，竹篮打水一场空。

不过成长复利是有可能实现的，解决方式还是"问题树"——基于问题的学习符合复利的两个条件：

1. 为了解决问题，昨天的思考和学到的知识会马上应用到今天的解决方案上去，形成迭代；

2. 如果一个知识有用，就不会被忘记；如果没用，忘记也不可惜。

这种学习方式还解决了两个问题，就是"我怎么知道这个知识有用"的困惑，以及"这个很重要，记录下来"的仓鼠心态。一开始知识管理标签化还有用，随着想法越来越多，知识管理也逐渐失效。以问题为出发点是唯一的试金石。

能解决当下问题，那就是有用；不能解决当下问题的，降低关注度。并不是否认这个知识好，只是暂时不需要，以后再说。

一个好知识、一篇好文章，会不会错过以后，永远遇不到了？

其实不会，知识一直都存在于网络的某个地方，不增不减，当你真的遇到问题，它们自然又会浮现出来。甚至也许当你需要这个知识时，已经有了更好的解决方案。放心去思考你的问题吧！记得**以问题为中心**（problem-based learning）。

知识焦虑的解法很明确，**基于问题的学习**让你关注点更少，进步更大，有自己的试金石，是"更少而更好"的事。

做一名真正的终身提问者

所以，比**终身学习者更有效的，是终身提问者。**

终身提问者的学习目标更清晰，更不会在知识树里迷路，问题就是他的明灯。

终身提问者的反馈更及时，问题就是他的试金石，他很清楚地知道哪些知识有用、哪些没用。

终身提问者的动力更强，因为他知道一个问题解锁以后，会带来更多、更大、更有趣的问题，但一切都要从解开这个问题开始，他孜孜不倦，又平静从容。

终身提问者更有号召力，一个足够好的问题，需要很多领域的人共同解决，那些平时没机会一起交流的人因为问题聚首。

你的问题有多多，你的知识就有多多。你的问题有多好，你的专业就有多好。人生就是一个个问题解惑的过程。

──────── 终身提问者 ✂ 工具箱 ────────

别列书单，列问题单

我们经常喜欢罗列书单、阅读清单、收藏清单，这些清单最大的问题是，始终没有动力去读，读了也没有实践的动力。

一个问题清单也许更加有趣和有力。

这个问题清单可以很长，也可以很短。你可以一股脑儿地把自己所有的问题都列上去，然后用两个指标来给自己分类：相关性和好奇心。

问题	相关性	好奇心
黑洞里到底能不能发出信息？	4	8
为什么她会突然生气？	8	6
人工智能对于我这个行业有什么具体影响？	6	6
有哪些让生涯能推广开来的方式？	7	8
为什么努力了还是没有成功？	8	7
人怎样才算成长为自己了？	7	9

相关性往往是你回答了以后立刻有重大收益的内容，好奇心是你最有动力学习的未来方向。如果事态紧急，你可以从相关性开始解决问题。平常学习中，你可以从总分最高的那些问题开始。

当然，这个问题清单不会变短，因为随着一个个问题被解决，问题会变得越来越多，但是你能感觉到自己的问题逐渐在聚焦，你也会变得越来越智慧。

假装写本书

你想集中研究一个话题，最好的方式就是假装自己要写本书。每当我要集中研究一个话题，总是列出来这个话题下的所有内容，然后假装自己要写本书。比如在做知识专栏之前，我给自己列了这样一个目录——假装我要写一本关于"知识内容设计"的书。

序　如何一句话抓住你想学？

第一章　内容产品的定位

第二章　内容产品的商业模式

第三章　内容产品的结构模块

第四章　内容产品的生产流程

第五章　内容产品的营销方式

第六章　内容产品的团队组建

第七章　内容产品的价值链整合

第八章　内容创作者的自我修炼

跋　如何一句话怼死你？

每一章可以进一步展开：

第一章　内容产品的定位

1. 从内容来分有哪些？

2. 从形式来分有哪些？

3. 从赛道来分有哪些？

4. 从功能来分有哪些？

5. 有哪些现在没条件但是未来有机会的定位？

6. 我如何找到一个适合自己的定位？

……

然后打开你的知识管理软件，每天记录一部分，想起来就丢进去，很快这本"书"就会出现。当一个模块完整的时候，就可以考虑丢出去分享，换来下一个模块。

问题少年提问术

有一个北大 EMBA（高级管理人员工商管理硕士）的朋友和我说，他们班上有一位特别憨厚可爱的同学，"长得像熊猫，瞪着一双好奇的大眼睛"，下课的时候哪儿热闹往哪儿凑，不多说话只认真听，偶尔问几句。后来熟了一问，原来是爱国者的冯军。

这就是高手的聪明之处——谈话，尤其是高手的对话，都是一个大家穷尽多年智慧、综合很多实践、全力秀智力肌肉、生怕被鄙视的场合。这个时候不争得失，认真听、好好问，看似傻，其实是最聪明的做法。

这种人都是"问题少年"，他既能提出精妙的问题，又有小学生的心态。**问题少年是让个人无法拒绝的学习姿势。**不过有的问题很少有人回答，有人则屡投屡中——如何提出一个让人无法拒绝的问题？

1. 不做伸手党，准备充分、目标清晰。

举个例子，看看这两个问题：

> "我真的想得到更好的个人成长，我该读什么书？"
> "古典老师，我看完了你的《超级个体》的豆瓣书单，研究了当当和京东的排行榜，还综合了知乎的一些帖子，列了一个 20 本个人成长书籍的阅读方向，附在下面。我现在的情

况是……按照我这个情况，请你给我推荐一本最适合我的入门书，以便我快速入门。"

你会回答哪个？后面那个努力、具体、指向清晰，很难拒绝这样的问题少年。我对自己的员工有一个"百知谷"要求——一个问题，没看完百度、知乎和谷歌搜索前三页，不要浪费别人的时间去提问。

2. 好问题都是组合拳。

如果你有更多的时间，请一定把问题问得再深入些。

"你觉得一个人真正入门的标准是什么？什么情况下就知道一个人差不多入门了？"

"除了读书，这个领域还有哪些方式可以让一个人快速成长？还有吗？"

"如果我已经读完了这些书，我该做些什么让自己的认知再跳跃一步呢？"

"像你这样的高手，对于这个领域未来 5 年的发展有什么洞见？"

"还有谁你可以推荐我见见的吗？"

会不会很烦？但真正精心设计的问题会让对方很爽，因为他也没有如此深入地思考过，这是一个整合的机会。你也许没法到达别人的高度，但是你可以站在很高的地方提问。

3. **输出答案。**

朋友杜佳，是非常优秀的教学产品经理。她有一个大优点，就是不管什么时候你和她说的想法、意见或者建议，她都会记录下来，发给你，并且附上"根据这个想法，我做了一些行动计划，你帮我再看看"。

我非常感激她的行为。

一方面她帮我记录了我的知识灵感——前面说过，知识的源头就在大脑和大脑的交界、知识和问题的碰撞之中；另一方面她告诉了我她的收获，这让我的助人之心得到满足。最后她还机智地提出问题："这个计划你觉得怎样？"

电影《教父》里，马龙·白兰度扮演的教父说："要给他一个无法拒绝的请求。"问题少年就是这样一个无法拒绝的姿态和技术。

5 个绝佳的思考角度

1. 证据：我们怎么知道什么是对的、什么是错的？有什么证据可以证明？

2. 视角：如果站在其他人的视角看这个问题，会怎么样？如果换一个角度会怎么样？

3. 联系：他们之间是否存在某种规律和模式？我们以前在哪儿见过这种模式？

4. 猜想：如果它与众不同，那是什么样的？

5. 相关：它为什么重要？

这 5 个问题是教育界传奇人物、"小型学校运动"的开拓者梅尔提出来的，他也是第一个获得"麦克阿瑟天才奖"的教育学家。在他的学校，知识点不重要，这 5 个问题却是讨论的核心。每一节课大家都围绕这 5 个问题提问，并一一解决。梅尔的学校只有 1% 的学生没有完成中学教育，而纽约市的中学辍学率在40%~60%。

如果遇到一个问题，不妨从这 5 个角度组织知识，往往其中有一个能触发奇效。

知识 IPO：把知识变现成价值

行文至此，我们已经谈到了如何联机学习、如何以问题为引导、如何挑选学习资料，最后我们谈谈学了这么多，如何让知识转化成价值。

还是那个思路，要学习一个技能，就去寻找擅长解决这个问题的高手。这一次我把目标锁定在商业思想大师的研究之上。

商业竞争是现代人的战场，过去的军事家，放在今天都是企业家或战略顾问。商业领域变化最快，竞争最激烈，新技术层出不穷。而商业思想大师是竞争的军师，是趋势的领航员，也是最会学习和解决问题的人。像彼得·德鲁克这种一辈子写了40本书，并且开创了一整个"管理学"的解决方案的高产者，是怎么学习的？

首先，他们是终身提问者。

彼得·德鲁克终身都在写作、咨询和教书。他是数任美国总统的顾问，为很多企业做咨询，也是众多商业领导者的导师。他一生写了40本书，85~95岁就写了10本。

彼得·德鲁克（1909—2005）

和其他管理学者不同，他的学术研究主要来自实践。在1946年出版《公司的概念》之前，他在通用汽车公司工作和观察了两年。他一边教书，一边咨询，一边写作。所以他的书的特点是没有大段的学术描述和术语，而是紧跟时代的困惑，每本书解决一个问题。

当企业逐渐成为组织，他写了《企业的概念》，讨论企业的组织运作；当管理这个职能逐渐浮现，他出版了《卓有成效的管理者》，界定了管理者；他思考的问题涉及创新、非营利组织、生态远景、亚洲发展、政府与企业的关系……

曾任麦肯锡日本董事的大前研一更加"离谱"，他大半生写了91本书，至今还在继续勤奋写作。《专业主义》《OFF学》《M型社会》，也是每本解决一个问题。

其次，他们都是跨领域整合者。

管理学这个学派的思想如杂交水稻一样，是前所未有的混搭，是人类历史上交叉学科门类最多的专业之一。

《第五项修炼》的作者彼得·圣吉是麻省理工学院搞火箭的系统动力学出身，发明戴明环（PDCA）的威廉·戴明是物理学博士，日本管理学大师大前研一是麻省理工学院核工博士，而被认作管理学祖师爷的彼得·德鲁克则是混搭之王。

彼得·德鲁克有一个爱好，每隔三年就选择一个领域深度学习，觉得学得差不多了，就换一个领域。这些领域在外人看来简直是不务正业，比如东亚历史、小说写作、政治学、社会学……他一生研究了 16 个学科之多（还写过《毛笔之歌：日本绘画集》这种小清新，你信吗?），但是当他带着上一个领域的知识积木进入下一个、再下一个领域时，这些知识汇聚到一起，形成了一个可怕的复杂系统——大师思想从中诞生。

我最喜欢的，是他的小说集《旁观者》。

最后，他们都有一整套知识 IPO 系统。

彼得·德鲁克这么评价自己的几份工作："**写作是我的职业，咨询是我的实验室。**"他自己还是商学院的讲师。商业大师高产的秘密变得越来越清晰：

> I：输入问题（Input a question），以持续解决问题为目标；

P：解决问题（Problem solving），以整合多学科知识为手段；

O：输出产品（Output），通过咨询研发、授课整合和写作，让思想产品化。

我把这套系统叫作知识IPO。这是一套高效的把知识整合产品化的个人商业模式。

所有的知识生产者，都需要打造自己的知识IPO，我也是一个知识IPO操作人。

"老师我到底适合做什么，出国学什么？"（I）在新东方常年讲课、做留学咨询的时候，时常被问到这个问题。我开始研究，发现"生涯规划"就是解决类似问题，我开始学习（P），开始在自己的GRE课堂上加入生涯规划的内容（O）。

"人如何找到自己成长的方向，成长为自己想要的样子？"（I）授课给我带来更多咨询以及更大的平台，也接触到比出国人群更大的群体，这个问题逐渐浮现。我开始接触解决这个问题要涉及的心理学、测量、教练等领域，于是我去中科院读心理学研究生，拿到生涯规划师、ICF（国际教练联合会）教练认证（P），学习成果输出就是销量达300万册的《拆掉思维里的墙》（O）。

"如何利用这套知识让更多人收益？"（I）这给我带来更多的商业机会，我开始组建自己的公司。这就面临着重新学习带团队、战略、融资、领导力、绩效等更多知识来解决企业发展问题，个体不够了，需要找到专业人士（P）。今天"新精英生涯"和"橙子学院"已经是各自垂直领域的第一名，10 个生涯规划师，8 个来自新精英。我还写了《你的生命有什么可能》，参与编写教育部的教材《大学生职业发展》（O）。

"下一个十年，教育会变成什么样子？"（I）这个问题让我参与到内容创业的大潮，除了过去的知识，需要重新学习的是在线产品设计、高强度写作、协作式生产技术（P），我们最终解决了专栏设计、内容创作流程等问题，输出的就是你看到的专栏《超级个体》（O）。

"这个时代的高手需要哪些心智与能力？有哪些底层逻辑是人们必须要了解的？"（I）在亲身参与艰苦的内容产品打磨过程中，我接触到了这个时代最焦虑和最有上进心的客户，身边是各个领域最优秀的生产者，我开始思考这个话题。他们每个人都教给我很多东西，引导我学习了复杂系统、混沌理论、商业规律、进化论、幂律（P）……这就是眼前这本书的来历（O）。

提出一个又一个问题，像一盏灯，带领你穿越忙乱和无常，走向自己希望的未知。

设计自己的知识 IPO

第一步，你必须有一个真实的、高价值，并且有可能被解决的问题（I）

理解这个问题遇到的障碍和挑战。围绕这个问题搜索各领域的知识，然后生长出一棵关于解决这个问题的"问题树"。

提真实的问题：和搜索引擎一样，如果输入的关键词不精确、太宽泛，就会导致问题无解。对于问题的第一个要求就是"真实"。比如，如果你的问题是"如何找到钟爱一生的事业"，这可能并不是一个真实的问题。因为钟爱一生的事业都是回顾出来的，谁也不会在事业刚开始的时候就确认会钟爱一生。

提高价值的问题：第二个要求也常常会有人踩坑，就是花大量时间思考"低价值"的问题。当然，任何一个问题都是有价值的，关键是要与你当下的生活有联系。我常忍不住点开知乎（我是深度潜水用户）某个特别有趣的标题，比如《不夸张地说，这几部电影影响了日本汽车业的发展》，看完了一段很专业的冷知识以后，却发现这和我的生活没有什么关系。我把这种情况叫作"认知流浪"。作为保持思想弹性的练习或休闲，这很有效；但是如果占用了你的工作时间，那这些问题就是"低价值"的——因为我明明有更好的问题，比如"如何起一个好名字，推广这本书"，可以思考。

提能被解决的问题：还有就是这个问题是"有可能被解决的"。网络上常有人提问：**"如何在一周之内快速成为某个领域的专家？"**门外汉回答的你不信，专家回答的——如果你和专家只有一周的差距，他还是专家吗？设计思维中，这类型的问题被称为"重力问题"。不要提"为什么这个世界不公平"，这种问题如重力一样，无所不在，不如改成"如何让我在不公平的世界成为想成为的人"，甚至"如何利用或者改变这种不公平性"。

第二步，不是要学习知识，而是要解决问题（P）

出于强烈的认知惯性和好奇心，你还是会忍不住想看完找到的全部资料。但不要恋战，你无法看完这些浮上来的资料，往往点击几次，你会发现自己看了几个小时的有趣东西，但是事情一点儿进展都没有。

正如你不可能走完一座大山的所有角落，聪明的探险者懂得做个标记，下次再来，继续向终点进发。整个过程以解决问题为最高标准，持续问自己："这个知识对于解决问题有用吗？""如果有用，是当下就有用吗？"如果暂时没有用，做个记号收藏到你的笔记里，以后再看。

一旦你能解决一个问题，就要尝试多解决同类型的问题，逐渐让这个解决方案能够应对不同情境，自我进化。

第三步，输出倒逼输入（O）

大部分人欠缺的，是把解决问题的结果传播出去。

一方面，写作能把这些知识形成体系，整理成能出手的"知识晶体"。更重要的是，这个过程能兑换价值，让更多人知道你有解决这类问题的能力。这个动作能帮你找到下一轮更大的问题，以及更大的价值，形成迭代。

这个循环能持续放大，带来一轮又一轮的知识跃迁。

知识 IPO

一般人常常会在两个地方卡住：

希望憋大招

产出不一定要大，但是一定要有，永远不要低估一个正确的简单动作带来的可怕结果。如果写不出一本书，就写一篇文章；如果写不出文章，那就写一张知识卡片；如果没法积累一个知识卡片，那就总结一句话，然后分享出去。

这些话、卡片、文章和书积累到一定程度，就会逐渐成形，只要稍加修饰就能产生"个体之和大于整体"的效果，完成跃迁。当你打开新的话题，过去的知识作为一个模块，再整合进更多的知识，这样就生成了你自己的知识树。

害怕分享

不愿意帮助他人解决问题——自己好不容易想明白的事，怎么能一下子告诉你?

事实上,最好的检验输入的方式就是输出,而检验输出的最好方式,就是实际解决一个问题。帮别人解决问题,看似是他人"白白"获益,但是自己也重新打磨了思想,修正了很多错误,自己的收益更大。

在行(著名知识交换网站)网上,姬十三有一个"陪你聊聊创业想法"的约见,只要300元。这是他的聪明之处,姬十三的建议远远不止300元,但是一次次地帮你解决问题,他脑子里也在反复打磨自己的知识积木,不知道哪天就会闪现出一个绝佳的产品点子。

秋叶是"IP大本营"创始人、国内社群运营的顶级高手。要知道,社群运营是一个非常累的事,一般人很难有认知资源再去思考背后的规律。偏偏秋叶的玩法是层出不穷、不断领先的,这种价值可想而知;偏偏秋叶的一大爱好就是分享——每次我有什么想不出来的地方,只要给他电话,他总会尽全力给我分享所有玩法,毫无保留。分享让他成为业内意见领袖,帮他结交了众多好友,重要的是,让他时刻思考新的可能。

我建议自己的运营团队帮别人出主意,自己的课程经理出去支持别人的课程设计,自己的运营负责人为更多公司提供运营方案的建议。这样他们能遇到大量的问题,倒逼他们进行大量的思考。这些输出也会让他们的水平和业内口碑都上一个台阶。我自己在在行也开通了"如何设计好一个内容产品"的约见,道理是一样的。

一手知识这种东西，就像春天的种子，越分享越多，再放一年就捂坏了。

知识 IPO，连点成线，功不唐捐。

知识 IPO ✂ 工具箱

放大碎片化价值

你本来就要学习，不如顺便在朋友圈碎片化更新：# 今天学到了什么 #。三言两语总结你的新收获并分享出来，慢慢你就会成为这个领域的"知识代理人"。

如果你是运营人，是否可以学习李翔老师的做法，每周整理一份 # × × × 运营内参 #，把你一周习得的新知以清单的形式沉淀，为更多人所用。

这个清单发到一定程度可以"征订"：如果你希望持续收到我的清单，可以去 × × 公众号征订，或者留下邮箱，我会每周推送给你。

如果有足够重要的人，你也可以用"照亮法则"，直接定期邮寄过去，3 个月以后，你会成为某个领域的代理人，紧紧钉牢在大家心智中。

设计自己的知识 MVP

MVP（minimum viable product，最小可交付产品）是产品开发的一种思路，一开始提供一个最小的具有可行性的产品。你不妨尝试一下，设计一个最容易入门且可交付的知识 IPO 产品。

百元方案

如果你是个产品经理，前期可以定很低的价格，比如 99 元，甚至破冰价只要 1 元钱，为外界提供产品优化方案。再靠这一点连接参与更多的产品，而这些产品将来都会成为你履历的一部分，为你的品牌背书。

生涯咖啡

请我喝一杯咖啡，我陪你用 1 小时聊一个生涯问题。这是很多生涯咨询师起步的时候最常用到的方式。因为有了一杯咖啡、1 小时和见面的因素，所以这是一个双方都愿意尝试的方式。

图片来自网络

总之，把能力封装成轻产品，高频次刷出去。

首席知识官

以前每个班上，都有一位爱抄笔记的小朋友，在考试前几天，他成为人见人爱的大明星。其实，每个社群都需要一个首席知识官。整理知识也是一种知识的重建。如果你并不擅长创作知识，尽心尽力地做好首席知识官也是非常了不起的。

你也许需要学习笔记、整理脑图、视觉引导，但是千万要记得让知识成为产品，不要成为自嗨的收藏品。

自下而上：构建自己的知识体系

每次我讲完课，总有人拉住我提问："老师，我能问你一个小问题吗？"

小问题的意思，就是不会占用你很多时间，简单回答就好。

"请讲。"

"我该怎么样建立自己的知识体系啊？"对方一脸的虔诚准备抄答案。

我一口老血要喷出来——这是需要一本书才能写明白的事情啊！我真想说："要不您先完成一个小目标？比如赚一个亿。"

所有的愤怒，都只是对于自己无能的痛恨——其实他问出了一个好问题：很多人学了一辈子，学校的知识体系丢掉了，而新的知识体系并没有建构起来。人的心智缺了体系，就好像站立在流沙之上，没法稳定地做判断，只好随波逐流。而且很多人即使有了很好的知识体系，但并不是自己有意识建构的结果。

但是我的确用一句话讲不明白，这引起我的愤怒。这个问题

构建个人知识体系

我记在心里，思考良久，打磨实践了几年，请教和观察了很多人，算是交出了答案：还是没法一句话说清楚，但是我能用一章讲明白。

这一整章的内容连在一起，是一个清晰的、自下而上构建自己的知识体系，并且是让知识产生价值的完整体系，是建立自己的知识体系，跃迁成为知识高手的技术：

- 站在知识源头，萃取知识晶体；
- 联机学习，用一块晶体换回来更多晶体；
- 以问题为中心学习，创造自己的问题树；
- 用知识 IPO 让知识变成价值。

下次还有人把我匆匆拦住，"老师我就问你一个小问题……"

我就说，请看《跃迁》第三章全文。

对了，你这是一个好问题。

《浮士德》最后说："永恒之女性，带领我们飞升。"

在知识爆炸时代，不断地联机、提问、传播。永恒地提问，带领我们跃迁。

跃迁 时刻

用提问学习，用联机思考，用输出整合

- 不是学不学的差距，是认知效率的差距。

- 知识源头与功利读书：要区分一二三四手知识，站在知识源头，极其功利地读书。

- 联机学习：打磨自己的一块知识晶体，然后和他人交换知识，联机获取他人脑子里最新的知识。

- 以问题为中心：区分知识树与问题树。

- 知识 IPO：以提出问题为驱动、以解决问题为整合、用输出倒逼输入产品化。

- 知识体系：问题导向、联机思考、知识晶体和信息源头。

04

破局思维

升维思考，解决复杂问题

为什么很多问题无解？因为答案根本就不在系统内。"单维思考者"永远看不懂整体的"系统思维"，看懂系统，才能破局。

人生就是一次次的破局

破局先识局

我们每个人的生活里，都面临很多"局"。

做想做的，没有收益；做能做的，没有动力。

发展不好，全力以赴；事业好了，家庭又乱；家庭稳定，身体又垮；身体好了，事业又乱了。

工作一多，没空想事；想不清楚，就更多意外；更多意外，就更忙。

一旦陷入局里来回重复，焦虑、浮躁也就相随而来。

最重要的是，在每个人自己的局里，你翻遍书也找不到标准答案。但面对困境，只能破局。人生就是一次次破局的过程。其实所谓的局，就是"系统"。

我人生第一次清晰直观地看见系统，是 2015 年在非洲恩戈罗恩戈罗保护区（Ngorongoro Conservation Area）。这里原来是一个火山口，25万年前火山喷发，火山灰沉积出一片肥沃的草原。高高的火山壁像一道城墙把这个小世界围了起来——这是一个自给自足的生态小世界，被称为"非洲的伊甸园"。

我们翻过火山壁，看到草丛里趴着很多狮子，它们懒洋洋地趴在那里，一点儿没有我在《动物世界》里看到的威猛样。几十米远处有很多斑马、羚羊在安静地吃草，相安无事。我是不是看到了假狮子？

我的黑人向导告诉我，狮子是一种很"节能"的动物。它们大部分时间都在休息，只有在饿的时候才会追捕猎物。即使追捕，也会挑选一群猎物里面的老弱病残，这样抓起来胜算最大。狮子想的是我要盯准跑得最慢的羚羊；羚羊想的是，我得跑得比那个瘸腿的家伙快点儿。

站在真实世界，狮子已经不是《动物世界》片头渲染的威风凛凛，非要抓住跑得最快的羚羊的英雄，它们是聪明的投机分子。

不过即使这样，从个体角度来看，狮子还是站在了食物链顶端。但如果再拔高一个层次，从种群的角度看，狮子也许是弱者。这个种群平时依靠吃斑马中的老弱病残为生，帮助斑马更好地进化。一旦遭遇旱灾，狮子这种繁殖能力低、吃肉很多的动物最容易灭绝。反倒是斑马种群极其强悍，吃草就能活，哪怕死去大半，只要第二年雨季来临，照样扑通扑通生出一大片。最彪悍的种群其实是草，就算干旱个三年，大雨一浇，整个草原全部是绿色一片。

从系统的角度看，狮子是不是挺可怜的，而草才是真正的强者？

那一瞬间，我对于狮子、斑马、草、草原有了新的理解。我想起《狼图腾》里面说的"草是大命"的说法，对于自然、生态、管理、社会……很多观点都有了新的顿悟。我突然意识到过去很多看法的单薄和肤浅——这就是系统带给人的冲击力。

后来我才知道，我并不是第一个有这种感觉的人。美国宇航员拉斯蒂·施韦卡特（Rusty Schweickart）回忆自己第一次在太空看到地球——他盯着这个悬浮在深邃太空中的蓝色美丽球体，对于世界突然有了一种从未有过的感受，他在采访中说：

> 地球是不可分割的整体，就像我们每个人都是不可分割的整体一样。自然界（包括我们）不是由整体中的部分组成的，而是由整体中的整体组成的。所有的边界，包括国界，都是人为的。具有讽刺意味的是，我们发明了边界，最后发现自己被困其中。

再回到地球，他开始投身公益和世界和平事业。

破局的智慧

在本书里，我们第一章讲的是这个时代"什么在变化"，第二章讲的是"怎么抓机会"，第三章讲的是"如何学"。每一章里，我们一起破除一些限制性的信念，教授一些技巧，完成了从认知、能力到能级的跃迁——本质上，我们都在破一个又一个的局。

这一章，我们要谈一个终极的高手能力，就是"破局"的能力，也就是系统思考的能力。如果你掌握了破局能力，未来遇到更多、更新的困境，即使这本书里没有讲到，你也可以自己跃迁。

在这一章，我们会详细解释"局"，也就是系统。因为只有你能认识局、理解局、控制局，最后才有可能破局。

所谓"不识庐山真面目，只缘身在此山中"，虽然我们身边处处都是系统，但是却很少有人能跳出来看到，要不也不会有我第一次看到系统的冲击力了。为了讲清楚这个概念，我们会谈到很多也许有点儿烧脑的概念——**第一序、第二序的改变，复杂系统，回路，层级，跃迁思考……**

要知道，我们所有的新知识都是"听来"的。比如你眼前看的这本书，你会听到脑子里的声音说"这是书"，那是因为你以前的经验告诉你，这样的东西是书。但如果你从未见过书，你会听到"这是什么"。我想要的就是这种一闪而过的困惑，这恰恰是我们可以跃迁的机会。

语言是构建思维的手段。我之所以引入这些新概念，不是秀智商，而是当你用一个全新的词解释事情，会倒逼你用一种全新的视角去看待生活中习焉不察的事，从而获得完全不同的思考角度。

但当真的读完以后，你会发现通过这些新概念看世界，复杂的世界变得非常清晰简单，无解的问题开始浮现答案，浮躁的做事方式变得从容。

你会理解到，第四章是前面所有章节的跃迁——高手并不是能力比我们强、智商比我们高、定力比我们好，只是因为他们思考比我们深、见识比我们广，他们看到了更大的系统。从这个角度来说，小人之小，也并不是品格的低微、智力的稀缺，而是格局之小、眼界之小和系统之小。

还是那句话，我们不怕痛苦，怕痛苦得没有意义。我保证这一章是很有意义的痛苦过程。

升维：解决那些无解的问题

生活中的无解问题

现代社会，我们似乎都会面对无解的问题，我尝试举几个例子。

永远的减肥

春天来了，急需减重。男女老少都在减肥。

大部分人采用的方法都是少吃，然后每天称重。结果显而易见，刚开始特有效，但是日子一长，你总有控制不住自己的时候。

某一天经过火锅店，麻辣味飘过来，你的脑子里出现两个小人，魔鬼小人说"吃一口，就一口"，天使小人说"好啊好啊好啊"，大吃一顿，回家一称，体重又回去了。

于是你想到了利用群体的力量。我的两位同事就是这样，他们约好相互监督、互为战友，一旦抓到对方晚上 8 点以后吃饭，罚 50 块！

这样坚持到第三天，他们突然想到一个点子：如果一起吃不就没事了吗？你给我 50，我再给你 50。

他们从此过上了不要脸的快乐的消夜生活。

为什么节食减肥没有用？

你为什么不陪我？

梅（May）很正式地对男朋友俊杰说："你总不陪我，我们分手吧。"

"别别，我改！"俊杰马上承诺要有所变化，花时间陪她逛街、看电影，看电视剧哭得哗哗的。梅想，也许他很重视我呢？

但是过了两周，梅开始没那么多抱怨，加上俊杰工作也忙，两个人又慢慢回到原来的状态。梅又想说那句话："你总不陪我，我们分手吧。"

产品不好，还是销售不力？

公司的销售经理总在抱怨产品太少了，客户有这个需求、那个需求，产品部门都说太忙不能全面满足，销售抱怨如果能满足这些需求，公司的销售额早就上去了！

与此同时，产品部同事的怨气也不小：销售部的同事不给力啊，我们上次做的产品又卖不出去，如果你们能多卖一些，我们就有动力做新产品了！

两个部门的经理相互抱怨，可到底是先有鸡还是先有蛋？

扶不起来的职场阿斗

职场上这种案例更多。这类人经常拖延工作，但是你一说，他还态度极佳。

"咦，这个怎么没交？"
"哎呀，我马上我马上，今天家里有事，所以……"

"前天的邮件发了吗？对方来催了。"
"实在不好意思，这个我忘记了，这几天都在做××的项目访谈。"

在各种借口和道歉之后，他开始奔波忙碌，有时候甚至加班到很晚。但是这样连续加班几天，又需要休息调整状态。于是下一轮的拖延开始了。

这些是不是都是你生活中无解的问题？我把它们称为"轮回问题"。

佛陀开示说，轮回中的人都深陷循环因果中：你这辈子伤害或帮助了谁，下辈子对方就会回来报复或报恩，来来回回，因因果果，循环不断。我没死过，轮回有没有还不可知。但排除这个说法的宗教神秘性，你会发现"轮回"是一种人被困在复杂系统中的绝妙的隐喻。在生活中处处都看到佛陀指出的"轮回"现象：

不陪—分手—陪—和好—不陪
减肥—少吃—瘦—忍不住吃—胖—减肥

没产品—没客户—没产品

拖延—忙—乱—忙—拖延

一件事之所以来来回回，是因为这个局里根本没有解决方式。除非你能看透这个局，破局跳出，才能停止这种轮回。大部分人的大部分时间和精力，都消耗在这种往返的轮回问题之中，他们就像轮圈里面的小白鼠，怎么努力向前跑都停不下来。因为答案根本就不在前方，需要退后一步，看到整个系统，找到破局之处。

打破轮回：第一序、第二序的改变

斯坦福大学精神科教授保罗·瓦茨拉维克在《改变》这本书中提出过一个很有洞见的概念：第一序改变和第二序改变。

事情有两种改变的形式：一种是不影响原有模式的改变，叫作"第一序改变"，也就是"状态改变"；另一种是模式的改变，叫作"第二序改变"，其实也就是"模式改变"。

第一序改变：系统内改变，改变状态，改变体验。

第二序改变：对于系统的改变，改变模式，改变结果。

想象你在开手动挡汽车，踩油门提速是第一序改变，而换挡则是第二序改变。如果你陷入一场噩梦，你在噩梦里跑、跳、躲避、溺水、打架……这些都是第一序改变。除非你真正醒过来，才能跳出这个噩梦，醒来是第二序改变。

你没法仅靠踩油门就换挡，也没法通过在噩梦中做点儿什么来中断噩梦，所以如果当前的办法无效，你就需要从第一序改变跃迁到第二序改变。

第二序改变，就是破局的关键。

不是少吃，而是加速代谢

还是来看那个减肥的例子。

减肥失败的主要原因是：你用一种降低新陈代谢的方式减肥，这和目标背道而驰。

你天天吃得很少，潜意识可不知道你只是想穿件好看的裙子。潜意识是从东非大草原上拼杀出来的"老司机"，它特别为你着想：这个苦孩子可能是遇到饥荒了吧，快降低新陈代谢保命！于是你吃得少，但是消耗得更少，时常头晕、心慌、乏力（帮你进入省电模式）。你大吃一顿后，潜意识又暖心地想：苦孩子终于遇到一顿饭了，饥荒的时候可不容易，快多吃，存成脂肪以后慢慢用！于是你就又胖了。

你不是瘦了，而是变得虚弱了。

还记得小时候你做的数学题吗？如果一个水池加满水要两个小时，放空水要一小时，如果同时加水、放水，多久才能放空？吃就是加水，新陈代谢就是放水，而水池里的水是你的体重。当加水减少，身体本能地会自动降低出水——新陈代谢降低，你只是变虚弱了。

真正健康的减肥方式听上去特别像陈词滥调——提高新陈代谢，让消耗量大于输入量。如何提高新陈代谢呢？改变你的生活方式，让**饮食观、作息观和运动观三观统一**。多吃营养均衡食品；多运动，提高肌肉含量会加速代谢；多睡觉，睡眠其实能加速新陈代谢，非常利于减肥。近期的研究甚至发现，充足的睡眠比运动减肥效果更好。如果你要监控新陈代谢率，在刚开始的几天，体重反而会增加。

不是关系问题，而是目标问题

至于销售经理和产品经理的死磕，不是人品问题，也不是制度问题，而是企业的客户定位不清晰，把销售额当成唯一指标。

缺乏清晰的客户定位，产品研发者就没法集中火力针对某一客户群迭代出足够好的产品，自然没法获得决定性的市场优势；产品没有竞争力，而销售要短期内创造利润，只好转向其他客户，提出各种产品需求。产品经理如果接招，一定会加速这个循环。最后，企业往往进入的不是一个有一万家公司的市场，而是进入了一万个市场，一个市场中有一家公司。

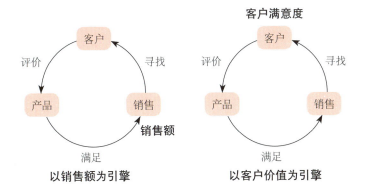

以销售额为引擎　　　　　　　　以客户价值为引擎

解扣的方式是重新调研，圈定大市场的核心痛点，暂时不盯着销售额，而是盯着目标客户满意度。

跳出问题，打破死循环，重新定目标，每个人都能跳出轮回问题。但如果看不到第二序改变，你会永远来回重复第一序改变。不仅如此，有时候第一序的改变往往会妨碍我们做出第二序改变。法国有一句谚语：**我们常常改变，是为了不变。**

不是陪不陪，而是如何陪的问题

再看看梅和俊杰的故事。俊杰有所改变，仅仅是因为不愿意面对真正的问题——恋情一开始的激情、神秘感褪去，找不到维持长久关系的方式，仅仅一方感到舒服的"陪伴"并不能持久。这个时代大家都很累，为什么休息时间要"陪"，而不是"一起玩"呢？哪怕你爱玩，我爱看着你，也很美好啊！

双方都想不到，或者不愿意面对这个层面，于是反反复复地，用第一序的改变来阻止第二序的改变。**一场恋爱，其实是两个心智模式的系统反应**，如果意识不到这一点，其实就是一场场的轮回。

不是态度，而是能力问题

还有那位出了问题就一顿道歉的同事。他的道歉只是为了更深地掩饰自己——**听不见指示、搞不清重点、划不明白边界**。态度的改变，就是为了心智模式不用改变。

常常有人来咨询职业发展："我现在做得不是很专业，喜欢的那个我也不知道能不能做好，我是不是应该去尝试追逐梦想？"

选择新领域不一定是坏事，真正的麻烦是你没找到"做得不是很专业"背后的原因。这样在尝试新东西的第一序改变发生后，你又会重新开始"做得不是很专业"的循环。

一个真正成熟的人并非要追逐梦想才能把事情做得很专业，因为他知道即使追逐梦想，也会遇到很多麻烦和短暂的迷茫。这都需要你有一种在不知道是不是梦想的情况下依然坚持刻意练习的能力。而有人恰恰缺乏这个能力。

如果没有意识到自己的这种问题，选什么都不会好。更加可怕的是这样做还会上瘾。因为宣布"我不合适"太容易了，而认识到"我有问题"很难，所以很多人在选工作、选公司、选感情上，都用选择代替努力。

对于轮回问题破局，第一序改变是不够的，要第二序改变；拆墙是不够的，要拆天花板；第一反应是不够的，要第二反应；直觉是不够的，要反直觉。

大部分人的精力都消磨在了第一序改变上，这恰恰阻碍了他们的第二序改变，也正是因为在第一序中花了太多能量，所以他们一直无法跃迁。

所谓的跃迁，就是一次次让自己做第二序改变，一次次地破局。而改变的第一步，就是识别所在的系统。

系统：新手看树木，高手看森林

孔子的弟子子贡遇到一个来请教孔子的人。子贡问，您有什么问题问我的老师呢？

对方说，我想问问一年有几季。子贡说，四季啊。对方说，不对，明明是三季！双方争吵起来，声音惊动了孔子。

孔子观察了一会儿，对那个人说：你说得对，是三季。那人大笑而去。

子贡问，先生，一年为何是三季？

孔子说，你看那个人一身青衣，应该是蚂蚱所变。蚂蚱春生秋亡，哪里见过冬天？在他的脑子里根本没有冬天，所以他就是个三季人，你和他讨论上三天三夜，也没有用啊。

如果以后你看到不讲理的人，记得提醒自己——他是三季人，你也就心平气和了。

但是今天，如果你只见事物，不见系统；只看到第一序改变，看不到第二序改变；只看到树木，看不到森林；只看到事物，看不到事物背后的系统，你也就是个现代社会的三季人。

看不到系统，就永远看不到第四季。

这个世界就在你眼前以一种你无法理解的方式运转着，就好像《哈利·波特》里的魔法世界，你是个麻瓜①。

什么是系统？

试着观察水流里的一颗石头——水流冲击石头，会在石头旁边形成波纹。这个波纹很有趣——每一秒钟，构成它的水分子都是变化的，但是波纹的形状却是稳定不变的。那么这个波纹是变化的还是不变的？

石头、水流都是"元素"；波纹则是系统的"功能"；石头在水流中的位置决定了这个波纹的形状，这是"关系"。**一个系统至少包含三个因素：元素、元素之间的关系，以及系统的功能。**

波纹展示出一个系统的基本特质：**系统由元素和元素之间的关系构成，元素之间的关系比元素更重要。**换一颗石头，只要还放在同一个位置，这个波纹就存在。关系不变，功能就不变。

在前面举的轮回问题里，减肥、恋爱、商业价值……如果内在的关系没有改变，即使换一个人、换一个团队，这个循环依然不会有改变。同样，如果一个人的心智模式没有改变，即使他换10份工作、20个女朋友，最后也会陷入同一类麻烦。第一序改变

---

① 魔法世界里把不会魔法的普通人叫作麻瓜。

的是元素，第二序改变的则是关系。

其实在理解复杂系统之前，我们早就体验过自然界和社会中无处不在的系统了。

瀑布的每一滴水都是动态的、流动的，但是瀑布的形状是稳定的，花园、森林、海洋、云朵全都是这样的系统；我们的血液细胞每三个月就更新一遍，但是我们的身体是稳定的；我们的思想、理念、记忆如流水般持续更换，但是我们的自我是稳定的；大学的学生每年都更换，但是学校的名声和学术地位是稳定的；北、上、广、深每年的人流量巨大，但是城市是稳定的。

仔细思考一下：企业、国家、民族、金融体系……构成这些系统的元素都是流动的、动态的，并没有哪一个人、哪一个领导决定了企业、国家、民族、金融系统的功能，但是这些系统都稳定有效。**只要不改变系统的内在结构和功能，即使替换所有的元素，系统也会保持不变，或缓慢变化。**

罗伯特·M.波西格在《禅与摩托车维修艺术》里写道："即使工厂被拆除了，只要它的精神还在，你就能很快重新建立起来一家。如果一场革命摧毁了旧政府，但新政府的思想和行为的系统模式没有变化，就难以逃离再次被推翻的命运。关于系统，很多人挂在嘴上，但没有多少人真正理解。"

正式介绍一个有趣的学科给你：系统科学。如果不能了解一些系统科学的知识，也就不可能真正理解现代社会，更不可能解决困扰你的那些问题。

系统科学是一门近代发展起来的跨领域学科，研究的是自然界和人类社会中被称为系统，特别是"复杂系统"的对象的内在特性。

系统科学这个概念在20世纪20年代率先由美籍奥地利生物学家路德维希·冯·贝塔朗菲提出，发展到今天，它已成为一个内容非常广泛和跨领域的学科。下面是复杂系统的复杂知识图谱。

系统科学及其分支

图片来源：维基百科

你看出来了吧，这个学科的现状有点儿像古希腊时期的科学。亚里士多德曾经以一己之力把哲学分成了物理、形而上学、戏剧、音乐、生物、经济、动物、逻辑等 11 个学科。《百年孤独》开篇第一句说："世界新生伊始，许多事物还没有名字，提到的时候，尚需用手指指点点。"亚里士多德就处于科学的洪荒时期，他指指点点，每分出一块，后来几代人都得研究一辈子。

今天，系统科学也处在当年的洪荒时代，人类几乎刚刚意识到世界是这么运作的！这个学科涵盖了一堆让人不明觉厉的领域：控制论、信息论、系统论、运筹学、博弈论、涌现、自组织、自动化、协同学、耗散结构、搜索论、人工智能……凡是与发展和大型工程相关的自然现象和社会现象，都可归纳到系统科学与工程的范围来讨论。

如果说近百年来，物理界最大的两栋楼是宏观的相对论和微观的量子力学，物理学家们都致力于连接两栋大楼，那么在工程和科技发展中，你看到的三座大厦——互联网、自动化、计算机与人工智能，有着同一个地基，即系统科学。

近现代的所有大型工程中，你都能看到系统科学的影子。从科学管理之父泰勒的"泰勒系统"，到贝尔实验室发明的第一套电话通信系统；从美国研究原子弹的"曼哈顿计划"，到苏美登月工程、网络科学、人工搜索……都建筑在系统科学基础之上。

好了，我估计已经把你吓坏了。我并不准备展开关于系统科学的解释，一本书根本不够，你可以从书末"跃迁书单"中找到更多系统科学的入门书。现在，我们还是来谈谈如何利用系统科学，实现解决问题的认知跃迁。

回顾一下关于系统的知识：

• 所有的系统都是由元素、关系和功能三部分组成；

• 元素之间的关系比元素更重要，整体大于部分之和，多出来的部分就是元素之间的关系；

• 关系结构不变，系统的结果也不会变。第二序改变，改变的就是系统的结构。

单独看，系统的思维方式也没有什么特别，但是把它和工业化时代最核心的思维方式"细分—分析"做比较，就会发现两者巨大的思维差异。

还原论与系统论

工业化时代，我们发展出来一套科学的、有逻辑的、不断细分的系统，最后把事情拆分成很多元素的思维方式，我们称之为"分析"。

福特的流水线就是典型的细分思路——最早的汽车只有几个

老师傅手工完成，福特把汽车的安装分成几千道工序，细分到普通人一经训练即可上手。然后福特把汽车车架悬挂起来，让它们以一种恒定速度在车间转动。这极大程度促成了分工、提高了效率。福特这种思维方式就叫作"还原论"，**复杂的事情可以拆分为各部分的组合来分析。**

大部分咨询公司的处理方式就是这样——世上无难事，只要肯细分。细分找到问题点，然后替换一个部件就好。

这种思维方式帮我们取得了巨大的成就——分子原子的发现、各个专业学科的出现、流水线的发明，都依赖这种细分的思维方式。根据这种思维方式，**如果一个事情出了问题，最好的解决方式就是增加或替换一个元素，如果短期有效，那么长期也应该不错。**但这种思路面对复杂社会问题，往往会顾此失彼。

如果你是一个城市的法律制定者，面对城市的高犯罪率，你会加重判罚以威慑罪犯吗？

表面上看，加重判罚是一个仇者痛、亲者快的好办法。但是事实显示，重罚并不会降低犯罪率，反而会增加。

为什么？首先，严刑虽然在当时增加了威慑力，但95%的人还是会出狱，重新回到社会——因为他们的经历，他们会更加仇视社会，难以融入社会。有近一半的刑满释放人员三年内会重新入狱。其次，这些罪犯很多都做了父母，在家庭不完整的情况下，第二代犯罪率会更高。再次，这种"犯罪—打击"的不假思索的反应，会让原来应该花在社会改革、改造犯人方面的资金投入到加强监狱建设和执法力度中去，进一步恶化这种情况。最后，青少年罪犯中，有80%都是冲动型犯罪，不走脑子。这种情况下，严刑威慑并没有用。把他们投入监狱，只能让他们进入"犯罪大学"。

今天，这种单维、短期的思维方式在身边比比皆是。

• 让一个地区脱贫，最好的方式是给钱；

• 如果自己发展得不够快，那就要更加努力；

• 生病了是因为有病菌入侵，杀死病菌就不生病了；

• 敌我公司之间，你死我亡，你好我不好；

• 对于不确定，最好的方式就是多存钱，躲开风险。

但在真实世界的复杂系统里，这些方法都逐渐失效了，真实的情况往往更加复杂和反常识：

• 数千亿的资金投入非洲，并没有让非洲脱贫；因为贫困是一种政治和心智问题，援助往往让当地官员更加腐败奢华，钱发不到民众手中；即使少数到了穷人手中，他们也倾向于消费一轮，而不是改变困境；

• 很多职业快速发展的人，不仅是因为自己努力，还因为聪明地借助了趋势；

• 流感病毒不会主动攻击你，相反，是你自己身体状况恰好适合流感病毒的生长。对于慢性疾病患者，"不惜一切代价杀死病状"的过度医疗方式会让其生命质量变得糟糕，现已逐渐被"与疾病和谐共处，提高生命质量"的姑息治疗思路替代；

- 竞争对手的股票往往是共同涨跌的。石油价格下跌，特斯拉汽车的股票也会下跌，因为石油便宜，大家都不着急用新能源了；

- 最好的应对不确定的方式是管理它。人工智能会极大地冲击投资领域，怎么办？投资人傅盛的观点是，重仓人工智能，形成对冲——人工智能发展得好，自己赚钱；人工智能不行，自己继续赚钱。

这就是系统论的思考方式，我们可以看到传统思路和系统论的不同思考方式。

传统思考方式	系统思考方式
问题的因果关系很明显	问题的因果关系不明显、不直接，而且常常互为因果
外界的人和事是我们问题的根源，只要换掉他们，问题就解决了	我们自己创造了自己的问题，改变自己的认识和行为，对解决问题有很大帮助
一个方法若短期有效，长期也就有效	短期的修修补补，长期反而有坏处
优化每个部分就能优化整体	优化结构就能优化整体
下猛药，同时开始很多独立的改变	只做几个关键的长周期动作，会让整体改变

到底还原论好，还是系统论更好？

其实角度没有好坏，都是简化世界的一种方式罢了。主流的观点是：在解决独立、单点、局部的简单系统时，还原论的思路更加有效；在面对复杂问题时，系统论的方法则更加有效。在分析物理、化学这种非生命体、自然科学的时候，还原论更有效；在讨论生物、社会、心理这种生命体、交互性多的领域，系统论更重要。比如自然界的生态问题、社会金融、企业经营、人际关系、慢性病、心智模式……这些复杂、交互的事情，用单维的方式解决问题，问题会越解决越多。

当我们戴上系统的透镜，混乱、复杂和变化的世界会变得清晰、从容和有序起来。

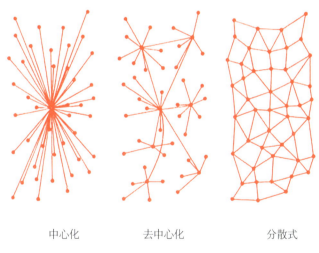

中心化　　　　　去中心化　　　　　分散式

世界在变得越来越分散

今天，万物之间皆有联系。每个人都需要面对越来越多的系统，也会进入越来越多的系统。在纷繁复杂的世界之下，有简单重复的系统原型。你想象的系统有多大，你就能调用多少东西，就有多大力量。

如果不理解系统，即使看到一切，你也什么都看不见，你只是"look"（看），而并没有"see"（看到），更不要说"insight"（洞察，英文原意"看懂"）。世界属于能看懂系统的人。**这个世界的绝大部分运作，都不在你眼前发生，世界早已先你而行。如果你看不懂系统，就是现代世界的睁眼瞎。**

所以，新手要学习系统，老手会利用系统，而高手需要破局。

系统最重要的是关系，我们从最重要的两个关系说起——时间关系和空间关系。

一个人看问题有见地，无非两个方向——看得远和看得透。看得远是能看到事物发展的脉络，找到过去和现在的关系，找得到"回路"；看得透则是能够理解事情背后的真正规律，看到事情背后的"层级"。

我们从这两个角度入手，介绍"回路"和"层级"。

回路：设计人生的增长引擎

19 世纪大文豪巴尔扎克曾抱怨："我需要休息，让我的大脑重新焕发活力，旅行就能让我休息。但是要能去旅行，就必须得有钱；为了赚到钱，我必须要工作……我陷入一个恶性循环里，根本不可能逃出魔爪。"

巴尔扎克不知道，他的问题还挺现代。很多现代人都遇到过这种巴尔扎克式困境。旅行、钱、工作看似无关，却串联在时间之上，像是一条咬着自己尾巴的贪吃蛇。

如果看不到它们的内在联系，就会短期内什么都想要，休息的时候想旅行，旅行的时候担心钱……怎么都不顺。好比你抓着一条蛇的头，同时又想拽住它的尾巴，其实是自己和自己较劲。

这就是一个以时间为关系的系统——回路（loop）。回路是一种会自我增强的系统。不过巴尔扎克式的自增长可不是好事，会陷入越来越忙、无法脱身的困境。一个回路的最显著特征就是自我强化的正循环和负循环。

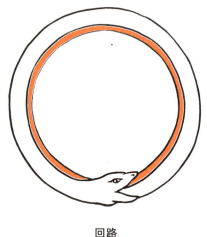

回路

当然，正负是我们人类的观点。如果增长的是投资，就是正循环；如果是债务，那就是负循环。系统不管这个，系统就管循环。

比如，"忙—乱"就是一个回路，越忙越乱，越乱越忙。

前面说过，在系统里，结构决定结果——具体在忙乱什么、谁在忙乱都不要紧，一旦增强回路形成，这个回路就会自我强化，一直到系统的上限受不了为止。这种循环在我们身边处处可见，搞好了，是人生的增长引擎，搞不好则是人生的死亡螺旋。

下面我列出人生最常见的 8 种循环，有增长引擎，也有死亡螺旋。

4 种增长引擎

好习惯

仔细观察，所谓好习惯，本质就是那些能自增强的正循环的行为。比如，持续学习的习惯，是"学习—成长—增值—学习"的循环；坚持锻炼的习惯，是"锻炼—精力充沛—锻炼"的循环；与人为善的习惯，是"善意—回报—善意"的循环。

鉴别一个习惯好不好，只需要看它是否能够形成正循环闭环。

到底是焦虑型学习还是有所成长？关键是学习能否"增值"形成闭环；到底是"作"还是锻炼？关键看是否构成"锻炼—精力充沛—锻炼"的闭环。很多白领平时不锻炼，周六、周日狂虐拉练，往往会把自己弄伤，其实这是训练过度。这样看来，那种"输血式"的助人，不是真的想帮人，只是求认同罢了。

从兴趣培养到能力养成

因为对一件事感兴趣，投入足够多时间练习，提升了能力；因为能力提高，所以更好兑现了价值；因为有所回报，所以更加感兴趣；一个爱好逐渐养成了能力，甚至成为职业。这个模型叫作"职业生涯三叶草"，我在《你的生命有什么可能》里有详细的解释。

快速学习的知识 IPO

通过思考问题、解决问题和输出产品，把自己的思考结果向外输出，从而吸引更多重要的问题输入，形成一个循环。所有伟大的知识工作者都在跑通这个循环。彼得·德鲁克的生产模式是：**用咨询驱动，用讲课整合，用写作产品化。**

企业管理中的"信—任"循环

因为对某个人有信心，所以授权、委任；对方因为获得委任和授权，拥有更多的机会，产生更大的信心。当然，信任要以制度为底线，否则就变成了放任；信任也要以目标为高线，这样就会进一步变成责任。

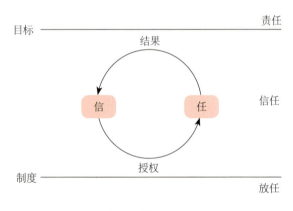

"信—任"循环

4 种死亡螺旋

穷者越穷

贫穷是一种心态，穷者越穷就是一个典型的死亡螺旋。

忙—乱—忙

稀缺—没有资源想长远的事—稀缺

物质匮乏—诱惑多—自控力消耗—物质匮乏

如果不能打断这个循环，你也许会一直穷下去。最好的方式是先停下来，控制住混乱场面，然后引入资源思考、学习和规划，建立起另一个正循环来抵消负循环。

引入一些导师、咨询师帮助你思考也是好方法。总之，你要用一条"想未来—高收益"的小循环抵消这个穷困循环。

投入不足

很多企业面临这样的问题：利润下降导致研发投入不够，研发投入不足让竞争力进一步下降，与此同时公司还不敢停，因为养着很多工人和厂房，一旦停大家都得挨饿，就像坐在火山口上，惶惶不可终日。

企业这个时候应该尽快谋求转型。个人一旦陷入这样的死循环，最好的方式是找到脱困的机会，借钱重新学习一门技能，或者换一个高价值的工作。

如果没法整体转型，聚焦在一个点上会更加有机会。有些家庭选择集中力量培养一个孩子——老大守在家里，老二出去打工，让老三有机会出人头地；有些地方的民风则是一个家族甚至整个村庄供养最有出息的孩子，都是一种明智的解决方式。企业则可以选择让某一个产品持续迭代。

工作狂循环

工作狂和热爱工作的最大区别是，工作狂需要工作，而热爱工作的人热爱工作。就好比瘾君子需要毒品，而不是热爱毒品一样。

工作狂—家庭投入少—家庭没成就感—工作狂

这是个负增强回路。很多职场人在公司很忙，对家里投入少，一段时间后，家人都对他有怨言。虽然说家庭很重要，但要顶着家人的怨气融入家庭，并不是件容易事，于是下意识地就选择少回家。家人怨气因而更大，导致他回家次数越来越少。很多人是被逼成工作狂的。如果你们家有个工作狂，记得要双方一起努力。

做自己

求认同—找不到自己—求认同

一定要说说这个死循环——在这个满世界都在比赛谁更自我的时代，"秀出自我"是一种毒。

很多"找自己"的人，不管是找梦想还是找天赋，内心的诉求是"求认同"。越是求认同，注意力就越放在外界的关注、外界的高手上，也就越难找到自己的天赋、梦想和激情。这也让他们越来越焦虑。

其实，你怎么可能通过讨好别人来做自己呢？与他人攀比是永无宁日、绝无胜算的自我恐怖主义。

停止这种循环的方式是把一部分注意力放回到自己的身上，

关注自己的需求和优势，在方式方面借鉴，在步调方面有自己的洞见。

以上是 8 种个人成长中最常见的正、负循环。那么如何创造正循环、停止负循环呢？

识局

系统的循环写出来其实特别清晰简单，为什么很多人还是往里跳？

因为反馈回路都有一个玩死人不偿命的特点：短期感受和长期收益总是相悖。

正循环的学习、健康、投入、习惯刚开始都感觉很累，并不舒服，而负循环的开头——忙带来的充实感、不投入的安全感、工作狂的成就感，短期感受都很好。

所以人们往往为了不改变而改变。

我因为一半遗传一半自己作，得了痛风病，发作的时候常常整晚睡不着觉。连续好几天，疼痛终于过去，这时往往因为休息不好、身心俱乏、情绪低落，觉得应该好好工作一段时间，努力补上进度。

这一努力往往就有点儿过——连续好几周写作、思考、读书。做着做着就会有点儿小成，于是得意忘形，找来三五伙伴喝酒，这时距离上一次痛风发作已经一两个月，痛苦也忘得差不多了。疲劳加上高嘌呤食品，往往又会犯痛风。

病—工作过度—吃喝弥补—病

这就是我在自己身上找到的第一条增强回路，花了两年时间，才摸到这个循环。每次和人分享，都有朋友拍大腿：原来如此！每个人和自己反复发作的病症，都有一个循环回路。

好的破局者往往知道：当一个体验短期很爽的时候，你往往要警惕：长远的损失是什么？而当这个体验短期痛苦的时候，你也需要自我激励：长远的收益会是什么？

搭建正循环系统，破坏负循环系统，切断自毁线路

作为一名系统思考者，你能养成的最好的第一个思维习惯就是逆时间打断负循环：

· 如果忙得没空思考，那么没空思考是否让你更忙呢？

· 如果因为穷，所以总希望翻盘，那么总希望翻盘是否让你更穷呢？

· 看到人口带来贫困的报道时，你也一定要尝试思考，贫困是否也会带来人口增长呢？

一旦发现这些情况是首尾相连的，尽快打断这种恶性的负面循环。你可以通过直接打断、引入更多资源，或者搭建新的回路来实现。

第二个思维习惯是顺着时间搭建正循环：

· 如果写作能为你带来名声，那么如何用名声帮你更好地创作？

· 如果技能精进能让你获得成功，那么如何用成功让你更加精进？

· 如果做某件事情能让你有所收益，那么如何让收益带来更多类似的事情？

第一个问题的答案就是第三章提到的知识IPO，第二个问题的思考结果是联机学习、"以答案换答案"的方式；第三种情况其实就是投资的本质，用赚来的钱继续投资。

一旦有了这个意识，你就开始成为一名系统思考者，你的人生开始搭建各种细小的正循环回路，而那些侵蚀你精力的负循环也会慢慢停止。

学习一些能自增长的技能

有一些技能天生自带自增长能力，非常重要。

读写能力：好的读写能力能让你接触到更多好资料，成为更好的读者或写手。

破英语：我不认为成年人需要把英语学到多好，更聪明的做法是够用就好的"破英语"，熟练利用谷歌翻译、维基百科、亚马逊、字典软件、搜索网站迅速找到大量英语资料，在应用的基础上慢慢提升。

社交能力：人际交往能力会让你认识更多人，反过来强化你的社交能力。

解决问题：尤其是在系统的层面，你看到的系统越多，世界对于你而言就越简单，于是你就有更多资源来理解世界。你慢慢会看透世界的规律，实现思考力的跃迁。

聪明的善良：善良是世界上传递最远、增长最快的东西，但是笨拙的善良往往会带来摧毁你的负循环。聪明的善良是重要的自增长技能。

理解了回路，也就理解了规律，你看问题的眼光会变得长远，不再浮躁。

下面我们谈谈另外一种关系——层级。

层级：看问题很透彻的技术

高效能人士的多层系统

三个乞丐冬天在巷子口讨饭。甲对乙说："我要是皇帝就好了，我就让公差把这条街的剩饭全部都收来归我，不用讨。"乙说："你就知道讨饭！我要是皇上，我就打个金斧头，每天砍柴去。"丙嗤之以鼻："你们两个穷鬼！都当了皇上，还要干活吗？让娘娘们天天烤红薯伺候我吃！"

如果你觉得这个故事好笑，那你天天喝的这些"怕就怕成功的人比你更努力"的励志鸡血，也挺好笑的。成功人士的确努力，但是努力对成功的影响并不如你想的那么大。

比如前段时间刷爆朋友圈的文章《首富王健林的一天》里，谈到了首富一天的日程表：

24 小时，两个国家，三座城市，飞了 6000 公里，签了

500 亿元合同……早起健身，条件允许就请警车开道，只为节省时间。在飞机上开会研究项目。每天工作 12 小时。

如果仅仅拼努力，我们对比一下快递员的工作强度，也能写出一篇很煽情的文章：

24 小时，12 栋大楼，三个城区，敲开了 400 扇大门，递送包裹总价值 50 万元……早起健身（分包裹），电动车开道只为省时间。中午和哥们儿研究送货路线。每天工作 12 小时。

我很尊敬快递小哥，凭努力赚钱，非常牛。但努力是快递员和王健林的最大区别吗？

显然不是。王健林的效能其实高在：去哪儿、和谁签订 500 亿元合同，（和谁）聊项目，（花钱）请警车开道抢时间。这么繁忙，他也非常专注，从不外包健身、读书。这些都是智力、资源和自我管理，和努力关系不大。乞丐和低水平努力者，都困于"平面思维"——在最低维度思考，并且认为高层的人也一样。

高效能人士的自我管理体系是一个"高效能塔"：

• 资源层：个人投入的时间、精力、金钱、情感资源；
• 方法论层：使用资源、提高效率的方法论；
• 目标层：选择做什么、不做什么，以及背后的价值判断。

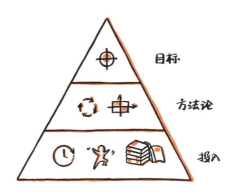

高效能塔：效率的层级

　　勤奋也是有境界的：低水平勤奋靠努力，中等水平勤奋靠方法论，高水平勤奋靠选择目标。之所以说你处在"低水平勤奋"，其实是因为大部分人都停留在这一层；还有一部分人着迷于第二层；其实很多的力道，应该用在第三层。我且命名为"**勤奋的三重境界**"。

　　假如你希望快速学习、成长，一年内成为一个"有核心竞争力"的人，你在这三个层面如何提高自己的效能呢？

勤奋的第一重境界：很努力

　　你是否愿意学习？处在这个层面的人应该都有知识焦虑。

　　那你是否空出来时间、精力和财力来学习？现在好的学习资源很便宜，但很多人明明有学习焦虑，却没有学习时间；明明有学习时间，却没有学习精力。

　　所以，要学习，要付费学习，要空出时间、精力来学习。

勤奋的第二重境界：方法论勤奋

那么如何更高效率地调用时间？如何更好地调配精力？如何见缝插针地学习？如何保持碎片化的系统性？如何找到好知识？如何确保学了有用？如何跟他人学？如何做笔记？如何把知识应用到实践中？

一定要相信，你今天遇到的问题，早就有人经历过，并且找到了更好的方式。你要做的，只是学习。这其实就是如何将各种方法论应用到实践中：时间管理、精力管理、项目管理、学习方法、知识管理等一系列方法论的内容，也是我在"得到"的《超级个体》专栏 2017 上半年的主体内容。

好的方法论不和自己对抗，而是简单利用人性。比如我在《心理自卫术》里面讲到如何控制愤怒，不用大段的心理学技术，只要数数就好。别看数数很简单，其实有窍门：第一，千万不要正着数 1、2、3、4、5、6……这是战备状态，数到 10 就冲出去打架了；第二，不要按照数字顺序数，这调用不到理智脑，要间隔数：13、11、9、7、5……这样数到 1 就平静了。

设计精巧的方法论都是简单、易操作的，没有复杂的说明书，以至于一开始你会觉得太简单了。但这种方法论最实用，因为在高压力的实际操作情况之下，占用系统内存越少的工具越好。好工具在设计的时候已经充分利用了人性，不需要你专门花心力使用。上述这些以及橙子学院的三件事、应用软件 GTD 的番茄钟、生命之花、ETA（预计到达时间）、WOOP[1]思维心理学等都是极好的方法论。

一定要相信，**你今天遇到的问题，早就有人经历过，并且找到了更好的方式。你所要做的，只是学习。**

不过任何东西过多，总不是好事，尤其在更高层系统不明确的时候，我们身边不乏方法论狂热者。

比如，我们身边有这么一种人，就叫他小明吧。

小明报过很多课，看过很多书，知道各种个人成长方法论。每次我说一个方法，他都能举一反三，瞬间丢一篇公众号文章来，里面有详细的建议。我有时候都想，让他做《超级个体》专栏算了。

这样一个人，对自己期待自然很高。但是小明越努力，招式越多，越找不到方向，尤其是这些方法论和大牛的说法有时还彼此冲突，左右互搏，小明非常迷茫。

有一种心理疾病叫作"躁郁症"，就是狂躁和抑郁交替发作，一会儿觉得自己无所不能，安静下来又觉得自己相当无能。狂热分子的另一面，就是信心突然结冰。每隔一段时间，小明就觉得一切都没有用、没有意义。

我把这种人比作"成长界的王语嫣"。金庸小说《天龙八部》里的王语嫣识得各大门派的武功，表哥一边打架，她还一边在旁边点评。但是王语嫣永远成不了高手，因为王语嫣缺乏两样东西：

---

① WOOP，即英文 wish（愿望）、outcome（结果）、obstacle（障碍）、plan（计划）的首字母缩写，指代一种思维方式。——编者注

上层缺一棵清晰的问题树，底层缺好的执行力和精力管理。单层思维、战术勤奋的王语嫣，永远只能当功夫解说员。

要解决这个问题，还是要向上跃迁一层。

勤奋的第三重境界：更少目标，战略勤奋

但是，到底什么是核心竞争力？我到底在什么赛场和谁竞争？有什么优势？这些优势会越来越有用吗？在更高层面获得了竞争力，对我有什么价值？

很少有人会思考这些问题，而这些都是生涯规划、个人战略、人生设计的话题，本书第二章也都在讲这些内容。

> 产品经理J过来和我抱怨，在小公司，产品经理经常变成项目催活的，所有零零碎碎、技术难度不高的活，好像都是产品经理的。J学了项目管理，学了各种分析工具，因为催不动美工自己还学了UI（用户界面）设计的一些技术，但还是不知道自己的核心竞争力在哪里。

其实产品经理最核心的竞争力是"洞察客户、理解趋势、关注同行"。只要你能够洞察客户需求，就能说服各个领域的高手按照你的想法工作；只有你足够理解趋势，才能在关键时候引爆；只有你关注同行，才会不断被启发用新的方式组合内容。

当然，这一切都需要建立在大量的数据和访谈之上。和独立思考有想法的人谈感受是没戏的，只有拿出来大量的数据、访谈，

他才会老老实实认同你比他更懂客户；只有拿出足够多友商的玩法，他才会承认你了解市场。

当你有了这个能力，自然就会撬动一流人才的注意力，既不需要你天天催促，也不需要你忍不住自己做个 UI。如果想不明白这些，花再多的时间去学习各种管理、技术、板块……短期有效，长期无能，还会被专业人士超越。越忙越没有竞争力。如果看不到顶层建筑，你平日辛辛苦苦垒的砖头，根本搭不成大楼，也就是一堆散落在地上的砖头罢了。

想得足够明白，足够了解这里的关系，就敢少做事，找杠杆支点。聚焦到"洞察客户、理解趋势、关注同行"，要学的东西突然就变少了，和你竞争的对手也变少了，而支持你的人变多了。注意，这就是目标选对了的表现。做那些更少更好的事，是最重要的高效能。

───── 知识源头 多层系统 ─────

每一层都调用其下一层，又被其上一层所调用的系统，就叫作多层系统。高效能系统是一种典型的多层系统。

多层系统在生活里也特别常见。人体就是一个多层系统。意识—大脑—器官—细胞—DNA（脱氧核糖核酸），层层调用。现代组织沿用了这种多层系统：决策层—管理层—执行层。教练技术中则把人的行为和意图分成"愿景—身份—信念—能力—行为—环境"6 层，称为逻辑层次。

理解多层系统，解决复杂问题

所有多层系统都有两个共同点。

上层决定下层

目标决定了使用方法，要省时间，要出效率，要性价比，选用的方法都是不一样的。

方法论决定努力方式。

下层无解，向上一层

努力收益不高，就要找方法；方法论太多学不过来，就要重新设定目标。在多层系统里，每一层都是其下一层的第二序改变。

在多层系统里，我们最容易进入的误区就是"低水平勤奋"，其实就是"低层级努力"。因为低层次的部分好把握，也容易看到，殊不知答案根本就不在这一层。

> 一位客户咨询时抱怨："这个我做不到。"
>
> 我问他："如果我请你现在出去裸奔，你能做到吗？"
>
> "这个我也做不到。"
>
> "其实并不是做不到，而是不愿意做，或者不想承担裸奔的代价吧。你不是做不到，而是选择不去做。如果有一天你裸奔能救自己家人、孩子，也许就能做到了。"

为什么要做这个区分？如果一个人经常和自己说"做不到"，他的能力范围会越来越小，会成为一个无助感很强的人；但如果对自己说"我选择不做"，则是一个自我强化的过程，你需要的时候，就可以做到，只是你不愿意，你依然可以掌控这件事。

同样，很多人认为自己"没主见，不敢坚持自己的想法"，但是你问他：

"如果老板问你，这个月工资不发行不行？"

"不行。"

"真的真的真的想不发呢？"

"那也不行。"

所以其实你不是没主见，而是你认为自己的想法不重要。在你认为重要的事情上，你依然会坚持。

这个问题并不在"敢不敢坚持"上，而是在"是不是重要"上。同样道理，很多人其实并不是毅力问题、技术问题，而是认知和价值观的问题——他坚持的东西不够重要，对于足够重要的吃饭、睡觉，一天也没有落下。

回头看前面谈到的高手战略，其实讲的是"职业发展"的多层系统。

一个人的外在成功，是"**能力—站位—趋势**"的多层体系。如果努力了还没有成功，不妨关注下站位和趋势。

第三章的"自下而上：构建自己的知识体系"，其实是"高效学习"的多层系统。

知识体系是一个"**信息来源—学习方法—联机大脑—解决问题**"的系统。如果信息来源太多，不妨升级学习方法；如果学习方法不行，不妨尝试外包一部分知识，重要的是时刻回到顶层思考——这对我解决问题有什么帮助？

写作是一个"**细节—句子—段落—框架—主题**"的多层结构，最好的写作方式是自上而下的。但是我在写作不顺的时候，常常不小心掉入低水平勤奋的陷阱。比如我开始构思一篇文章的框架，这其实是最重要的部分，但实在费脑子，于是我开始查资料（最底层），来回修改其实没有什么区别的文字（句子），往往这就能搞半天。有时候更糟，我反复"调整状态"，收拾东西、擦桌子、吃东西、看一集美剧，充实地干了一天，结果当然一点儿都没有改变。

如果有人总在提醒你"要有大局观""看事情要跳出来、要全面"，那么你最好意识到，这就是多层系统的问题。

———————— 层级思考 ✄ 工具箱 ————————

ETA 脱困四问

"情绪—事件—目标—行动"是一个多层系统，当你发现自己困于事情或情绪中，可以用"脱困四问"来重新设定行动。一旦你发现自己被事情或情绪所淹没，不妨跳出来自己想想"脱困四问"。

第一问（Emotion）：我在什么情绪之中？给自己的情绪打几分？（找出情绪类别）

第二问（Event）：发生了什么？尝试客观不带情绪地描述发生了什么事情。如果发现不能客观，还带有情绪化的语言，请返回第一层，继续处理自己的情绪。（挖掘情绪背后的事实）

第三问（Target）：我原本想要什么？情绪一定是对自己的不满意，通过对情绪背后事实的描述，就可以发现产生情绪背后的初心——某种期望或目标未能达到。（找到期望目标差距）

第四问（Action）：我如何改进？找到目标差距，就要正视自己，如何改变行动从而达到期望的目标。（行动改变）

ETA 脱困四句

关于"脱困四问"我曾经写过一篇完整的解读文章，还设计了一个打印出来随时可用的模板，在我的公众号"古典古少侠"（ID：gudian515）输入"ETA"就可以找到。

人一层一层从多层系统向上跃迁的过程，就是一个思想跃迁式进化的过程。所有的多层系统，都是自下而上进化而来的。

1. 公司的进化：

一开始有一个自由职业者单干，做得越来越好，开始请帮手，然后变成小组织，小组织继续发展变成大公司，最后成为集团公司。管理者如果意识没有跟上，依然用管理小团体的思维管理大公司，就不会有很好的效果。

2. 国家的出现：

最开始是农民聚集起来形成村落，村落聚集形成乡镇，乡镇之间进行贸易，形成城邦，然后形成国家……

3. 生物的进化：

生物的进化也是自下而上的多层迭代。生命起源假说里占主流的"RNA 世界学说"认为，最早的世界是一锅"生命汤"，因为某个契机，无机分子聚合形成了可以复制自身的 RNA（核糖核酸），RNA 和 DNA、蛋白质聚合形成了细胞，这是世界上最早的生命体，也是你我的老祖宗。老祖宗细胞一出生，就开始做接下来 30 亿年里都在做的同一件事情——自我复制。这是一个极其重要的时刻，从这一瞬间开始，环境就有了"利于复制"和"不利于复制"

的区别，生命也第一次有了"好"和"坏"的自我意识。

然后，单细胞生物聚合形成多细胞生物，多细胞生物聚合形成器官、组织，最后是一个个个体，包括人类。人类继续通过语言、交通网络聚合，形成社会、组织和文化。整个世界的所有生物构成了一个多层系统。底部是 RNA，顶部是人类社会。这个社会正在通过数码联网，生成更高的全球意识，这个过程叫作"元系统跃迁"。

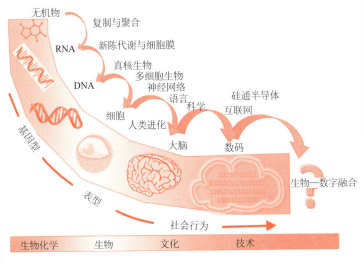

进化底层

图片来源：Gillings, M. R., Hilbert, M. & Kemp, D. J. (2016). Information in the Biosphere: Biological and Digital Worlds, *Trends in Ecology & Evolution*, 31(3), 180–189.

不管什么系统，之所以会涌现出更高层级，是为了更高效地协调原来层次的资源。困于底部，说白了就是意识还未完成进化的跃迁，也就失去了在更高层次调用资源、解决问题的能力。

形成团队是为了更好地发挥个体力量，如果个人太过看重自己的得失，而偏离团队目标，那么团队就会失败，而个体也不会留存。

学习是为了解决问题的，如果太关注学习的快感，而忘记了学习的目的，那整体效率也会降低。

执行是为了完成事项，如果没有真正思考事情的结果，只是盲目动手，那就失去了用更多方法、更多力量完成的可能。

控制点：让复杂的事尽在掌控

如果你是一支NBA（美国男子职业篮球联赛）球队的主教练，赛季之初球队提出口号"问鼎总冠军"，你该如何控制这个目标的实现？赢得总冠军，需要天时地利人和，需要战略战术体能，最后可能还要靠状态，是个复杂系统。

下面是一个实现冠军目标的拆解思路。

冠军路线：要得总冠军，先要进入季后赛；要进入季后赛，常规赛就需要进前八；要确保进前八，就要在常规赛赢得82场比赛中的50场。

成功出线：要赢50场，可以细分下哪些场比赛一定要赢、哪些争取拿下、哪些保留实力。

赢得一场比赛：要赢一场球，就要多进攻和多防守；进攻手段是远投和上篮，防守手段是防止对方远投和上篮。

得分点：创造更接近篮筐、无人防守的得分点，可以用挡拆、传球、吸引、包夹等各种战术，一打多形成局部优势；防守就是破坏对方的这两个得分点。

训练目标：为了掌握战术，需要平时刻意练习，配合动作训练。

体能支持：为了完成训练，需要制订日常严格的素质训练计划，营养跟上。

层级目标	控制点
赢得总冠军	进入季后赛，并获胜；常规赛打进前八，赢 50 场
单场获胜	打好每一次进攻、防守
战术实施	用战术扩大优势，传给靠近篮筐、不受干扰的队友，投篮破坏对手进攻
动作训练	技术动作与配合练习
体能支持	高强度刻意训练

如果能把握大部分控制点，这个事情就基本可控。把控一个多层系统有三个原则：多层布点、单点可控、目标折射。

多层布点

一般人看问题，容易理解为线性关系：赢球—再赢—常规赛进前八—季后赛—总冠军。其实控制胜利的关键是在每一层级放置足够多的控制点，最终把获得总冠军的目标控制在一个可控范围内。这些点不仅要关注目标层面，更要拆分到战术、技术、体能层面，每层抓紧控制住。

在某一些关键层，甚至要同时放置 2~3 个控制点，进攻时让 2~3 个控制点的球员同时进攻；体能层准备一定的板凳球员；战术有一两套……控制点越多，越可控；越可控，人的心态越好，越稳定；反之就会陷入恶性循环。

难道不是因为做了一场激动人心的演讲，提出伟大的目标点燃了所有人的心灵，然后就拿到了总冠军？动员大会只是电影的浪漫处理，也正是因为大部分人都有这样的幻觉，电影才拍成这样。球员们在拿到总冠军戒指的时候流下的热泪，并不是为了渲染气氛，而是为了庆祝之前设定的无数个控制点。

有人说："我要每年读 100 本书！"

我帮他向上布点："读 100 本书的目标是什么？你如何知道自己达到了？"

"这个目标用读书的方式才能达到吗？是不是其他方式也可以？"

如果这个目标是随口说的，那么正好可以精细化；如果是为了某个成长目标，也许还需要增加其他方式才更有效；而如果仅仅是为了显得自己牛——其实牛的方式也有很多玩法啊！访谈 100 个人会不会时间差不多、效果更好？人生总是有很多可能的。

找到了目标，下一步也要继续布控制点。

"如果是读书，具体哪些书能够帮你达到这个目标？"

"如果不知道是什么书，那谁会知道答案？"

"如果为了达到这个目标，每本书需要多少时间和精力？有哪些方式能够腾出这么多时间和精力？"

"我们还能做点儿什么，让你的努力可以放大，产生价值？"

如果这些点没有想清楚，这个项目基本像连续向上摞起的三块石头。只要有任何一块不稳，整体就会坍塌。现在你认为从办张健身卡到练出马甲线，这里面有多少控制点呢？

组织是最经典的"愿景—战略—资源—管理—执行"多层系统，我们常常在某一层很强，就会忽略其他层级，导致失控。

梦想家类型的领导人，往往死在不食人间烟火的管理制度，以及实在太少的工资上。他们充分理解愿景的重要性，却忽略了管理的人性，以及生活压力消磨人的速度。

战略精妙的领导人，则很容易死于方法论。迈克尔·波特在企业战略界的功力毋庸置疑，他提出的"五力模型"是战略界的黄金定律。但是波特自己创办的咨询公司 Monitor Group 却在 2012 年破产，后被变卖。我们因此就能说波特的战略理论错误吗？其实这家公司的问题出在经营管理层面。

狼性文化则认为有钱能使鬼推磨，只要刺激足够强，愿景文化都是扯淡。这样的组织执行力很强，壮大速度快，但其实很容易做大了就散伙、就分裂。

真正的好组织，都是多层控制的。阿里最核心的两个部分是企业文化和销售团队。清华控股的董事长徐井宏对于组织的多层管理有精彩的总结：家国情怀、学者智慧、商业思维、江湖行动。

单点可控

你也许提出了一个伟大目标，也列出来详细的每一步计划，但是同事们为什么都表情迷离、不为所动？还是因为你自己内心不安？也许还有另一个原因，控制点没有落在可控区域。政府工作者喜欢说"抓手"，这个抓手就是控制点。

心理学把人的控制点分为 4 类：能力、努力、难度、运气。我列了张它们之间的关系表：

内部		外部	
能力	努力	难度	运气
稳定	不稳定	稳定	不稳定
短期不变	短期会变	短期不变	常常改变

这个世界永远有两种人：**掌控者和机会主义者，**于是就是两种掌控思路。

掌控者懂得把注意力尽可能放在内部、稳定的因素上。就有在他们心中，注意力是这样分配的：**能力 > 难度 > 努力 > 运气。**他们的内心对话是：

> 这个事情的确很难，但以我的能力应该可以做到这个程度，我要尽全力，其他就交给老天了。

以这种状态做事，增强的是能力和对任务评估的眼界，能力和眼光长期都可控，这样的人生可控性会越来越强。

而越是糟糕的掌控者，越是机会主义。他们把时间花在外部的、不稳定的因素上。在他们的心中，注意力是这么分配的：**运气 > 难度 > 努力 > 能力**。他们的内心对话则是：

> 也许这就是个机会呢？希望不要太难，其实只要是个机会，我努力是没问题的。能力这种事情，确定是机会再练。

这种人把人生都押在外部常常变化的领域，所以你注意一下，他们的问话思路永远是：能赚钱吗？机会大吗？难吗？投入大吗？遇到这种人，我一般回答：你别做了，没戏。即使真的走了狗屎运，这成功也不可控，会狠狠地掉下来。

多层布点，层层可控。当这些控制点全部都出现时，安心地做好每一件事，尽量让事情在控制范围内就好。如果失去控制，就调整控制点，让目标重新可控。这大概就是所谓的"尽了一切努力，于是安心面对成功或失败"。

我大学同学给我打电话："古典，我姐的孩子看了你的《拆掉思维里的墙》，不想参加高考了，说要拆掉思维里的墙，出去环游世界做建筑师。我们全家说不过他，来来，你快给老子把场子收拾一下。"

我硬着头皮拨通电话，孩子打开免提，我同学他姐全家都坐在电话边。同学用微信偷偷给我通风报信，阵势像反传销组织。

我清了清嗓子，开始聊。

我发现这个孩子思路很清晰。他很清楚自己要做建筑师，也天才般地发现，建筑师的核心和当前的课程一点儿关系都没有。英语、数学、几何、地理和历史，他都能自学。天天做高考卷子对于建筑师实在毫无意义，甚至是阻碍。

他对中国高考的观点，深得我心啊！

但是这是我同学他姐的孩子，我要稳住。

我想了想，回答他："我认同你对于高考的观点，但有一点我想你也许同意。在今天的中国，高考依然是你接触到优质的建筑专业教育的最佳路径。我们且不说你们家有没有钱让你环游世界，但是其间遇到个高人愿意带你，最后发现他是建筑大师的情况，概率太低了，而且不可控。

"所以不管你参加中国高考还是美国 SAT（学术能力评估测试），总需要一个方式让自己进入大学，接受专业教育。要控制这个过程，就需要控制这个路径，就需要设计几个关键节点，这些节点就叫控制点，就好像你画弧线需要先画几个点，然后把它连起来一样。"

"说得不错。"哥们儿发来微信，我信心大增，喝一口茶清清嗓子。

"所以对于你来说，高考就是建筑师学习的一个控制点，也许并不是建筑师的核心，甚至有一部分是背道而驰的，但依然是控制点。人生每一层都要设置控制点。中学—大学—导师—业内大师，人生是一个自下而上的多层系统，我们没法直接跳过下面一步登顶。两点之间最近的，不是直线，而是阻力最小、控制点最多的线。"

"好，我会高考，但如果我上了大学，发现学习专业毫无意义怎么办？"

"有一天你上了大学，学得差不多了，觉得自己才华横溢，可以辍学。

"但你还是需要设置控制点。大学文凭也许不一定重要，但是能极大提高你的成功概率。想想看，你是愿意请一名没驾照但有10年驾龄的司机，还是一名有驾照、3年驾龄的司机？

"所以如果要放弃一个控制点，就一定要把握住另一个更好的控制点。比如比尔·盖茨，他写了一万小时程序，手上握着 IBM（国际商业机器公司）的合同。这个控制点对于成为程序高手显然比哈佛大学本科学历更好，所以他就辍学了。

"再比如你叔叔（报仇的机会来了），他总问我要不要辞职、要不要出国、要不要分手？其实，要不要离开，永远不是问题，因为这个答案没有控制点；只有'离开做什么'才是选择，才有控制点。"

讲完，不等他反应，直接挂线。留下一个意味深长的空白。

这个孩子一年后考上国内一所大学的建筑系，还有了出国读硕士的计划。

这其实是一个关于两点之间直线更慢的例子。我们都见过光的折射——光在同一个透明介质里走的是直线，因为这样最快；如果从一种透明介质斜射入另一种透明介质，光的传播就会发生偏折，这个时候，折线更快。两点之间，不是直线最快，而是阻力最小的那条线最快。

目标折射

既然目标的达成是一个多层系统，那么在不同阶段做偏离直线的行动有时更好。这种情况，我称为"目标折射"——在多层系统，直线会失效，你需要根据层级特性调整切入点。最后的成功路径，是一条折线或者曲线。

高中学习也许并没有为成为建筑大师打下基础，但是作为争夺教育资源的手段，比自学靠谱很多；英语四级证书也许并不能证明你的英语水平，但是至少反映了你靠谱；用别人喜欢的方式沟通未必是你最舒服的表达方式，但至少对方能接收到你的信息；有些规定不一定效率最高，却是达成目标的最简单的方式。

过去我常常劝大家一定要找到自己的梦想后再全力投入，现在我会告诉迷茫的人，如果实在不知道要干吗，不如投身热门行业，参与大城市的竞争，并且让自己获胜，让自己赚钱。这虽然是人生的弯路，但是至少不会停滞不前。

在大城市或热门行业，你有机会遇到最大挑战，积累最多资源，看到最多可能性，在过程中你的梦想也许就会慢慢浮现，然后你就会有能力和经济实力去实现梦想。否则即使有一天你发现了自己的梦想，却没有什么能力，也没有什么积蓄，那样比不知道梦想还惨。

如果暂时不知道梦想，那就先练好能力。一个问题尚未解决，虽然令人生厌，但其本身就是一种解决方式。

一个层级遇到问题，非要把这个问题解决掉的"问题洁癖"，很可能会带来更多、更严重和更麻烦的问题。其实"带着问题生活"，也是一种应对方式。

所谓成熟，就是理解了世界的复杂性，不再要求一味走直线。在路线问题上，拥抱折射，在最终结果上专注不动。两点之间，阻力最小的线最快。

失控：你是怎样玩死自己的

最后用一点儿篇幅谈谈失控。系统是为了获得更高的效率，但是不幸的是，如果你不理解系统，系统往往就会失控。你是怎样玩死自己的？

思维惯性

当多层系统失控，就要还原到问题的层面解决，否则只是隔靴搔痒，会导致失控。但是越厉害的人，越容易有思维惯性——过去这么做可以，那么未来也要这么做，这就很容易导致失控。意志力过强的人总希望能用"意志力"来改变身体（物理层面）。李开复在得癌症之前，就经常和人家比谁回邮件更晚，后来回想起来觉得可笑。成功人士在巅峰时期都有幻觉，总觉得思维和意志的胜利能控制一切。身体首先不干了，对大脑说，你做生意好、想问题好，就非要老子血压也好？老子不归你管！

比如，商界领袖都需要强大的意志力，他们相信意志力能解决一切。《史蒂夫·乔布斯传》里说乔老爷子热爱冥想、打坐。他坚持认为自己只要素食加冥想，癌症就会得到控制。这种虚假的掌控感，让他的胰腺癌发展到了危及生命的地步。

人体是一个"生理—心理—意志"的多层系统，现代人过于强调大脑，而忽略了心灵和身体其实是另外一套系统。很多心理疾病因思维过度引发，"神经症"患者就总希望通过思维层面控制一切，而很多人失眠、焦虑甚至人格分裂，都是因为想得太多，引起了情绪上的不适。如果大脑继续压抑，情绪出不来，就向生理层施压成了生理疾病。

同样，用管理公司下属的方式管理家庭，其实家哪里是讲"对错"的地方？家是讲"爱"的地方。这不是一个层次。

当一个复杂系统出现问题，不要停在自己熟悉的层面上，退后一步，看到系统。

• 人生不如意，也许并不是你不够努力，而是选择不对；

- 工作效率低，也许并不是精力不足，而是目标太多；
- 关系不亲密，也许并不是因为眼前这件小事，而是情绪积蓄已久；
- 不够有钱，也许并不是你不够节省，而是不懂得如何投资。

困在底层

当问题在一个层面失控，向上跃迁一层，重新定义问题，往往有解，设计思维称之为"重新定义问题"（reframe a question）。

有一位企业家过来找我抱怨：

"团队里有个我培养了很久的年轻人，就因为另一家公司给的工资高出 2000 元，要跳槽，多年的付出都喂了狗。难道真心付出真的没有好报吗？"

我问他："是付出，还是投资？"

"怎么说？"

"如果是付出，你付出的人收入高了，你应该高兴才对啊！如果是投资，投资就会失败嘛，下次提高眼力，给投资多上保险就对了。"

别人走不走控制不了，但是投资的眼光和手段，总是能控制的。

你看，从"付出"和"投资"的定义上重新做区分，无解的问题也就有解了。

查理·芒格说："要获得什么，先让自己配得上。"这也是在重新定义问题——得不得是外控的、无解的，但是配不配是内控的、有解的。

过于封闭

最后举个有趣的例子，谈谈皇帝们如何管控一个思想的多层体系。

封建国家没有互联网，大伙儿怎么想，主要看几个文化人怎么说，所以封建国家很重视思想控制，摧毁或者至少控制自由知识分子的思想。好，现在给你个机会穿越。如果穿越到古代，成为皇帝，要控制知识分子，你该怎么办？

方案 A：焚书坑儒——物理层面摧毁信息源，生理层面摧毁人，简单粗暴快，但春风吹又生。而且国家也暴戾十足，很快灭亡，如强秦。秦始皇不懂系统思考啊。

方案 B：文字狱——生理层面摧毁一小部分，心理层面的震慑大多很有效。但是文人马上变着法儿迭代，写个小说映射你，写个藏头诗挤对你，防不胜防，如清朝各种小说。

方案 C：找群宫廷文人，与之写文对骂——这个效果不佳，历来文章写得好的都是自由的灵魂，拿俸禄的效率不高。

这些以暴易暴的线性思维对文化人不好用啊，最后设计出来最精妙的，是一套自上而下的系统解决方案。

方案 D：科举制度——设计一套在自我实现（家国天下）、归属感、认同感（光宗耀祖、封妻荫子）、生理和心理（颜如玉、黄金屋）方面符合马斯洛需求层次理论的完整多层结构，以及自上而下降维攻击的解决方案，直接改变价值观。开科取士，天下共趋之。

什么？写自由议论文？别闹，老子正准备考试呢！！

这个封闭的小系统非常有效，从内部几乎完全不可灭。一直到 1840 年我们集体被炮声震醒，被更高层级降维攻击，即现代社会的科学、民主与经济体系，我们才发现，这些系统更强大，比自洽更重要的是开放。

一个故事：“天哪，她有个大牙缝！”

在这一章的最后，我讲一个关于系统的故事。

故事的主人公是20世纪的催眠大师米尔顿·艾瑞克森，我师从他的弟子玛丽莲博士，在她的教练课上听到了这个故事。在某天一个饭局上，我转述给了一群央视的媒体人，里面坐着一个记忆力惊人的家伙。7年后他认出我，复述了这个故事，邀请我一起搞个专栏，他就是罗振宇。

米尔顿·艾瑞克森是个伟大的教练，他懂得相信人的优点，甚至懂得相信人的缺点，他深信每个人的潜力。

一次去加拿大讲学，当地一个心理咨询师来寻求帮助，这位咨询师有一个名叫丽莎的来访者有严重的自杀倾向，经过长期治疗都没有好转。艾瑞克森答应见见这位丽莎，帮助她走出困境。他翻看丽莎的报告：一个普通的加拿大女子，微胖，32岁，独身一人，在一家当地的公司做文职工作。照片上她紧紧抿着嘴，没有神气。

艾瑞克森在一个下午见到了丽莎。轻松的交谈以后，艾瑞克森慢慢发现丽莎的一个秘密，丽莎总是抿着嘴，没啥表情，因为丽莎有一个大牙缝。这牙缝有多大呢？这么说吧，透过牙缝，都能看到她嗓子眼儿——同事都不叫她丽莎，而是"大—牙—缝"。

丽莎很自卑，一直闭着嘴。"这样，牙缝就看不见了吧。"她想。

丽莎在公司里有自己喜欢的男生，是一名工程师，对方听上去也对她有些好感，但是她从来不敢和他说话。

大牙缝是丽莎自卑心理的种子，慢慢地，这颗种子长成大树。丽莎有严重的抑郁心理，甚至有了自杀倾向。

艾瑞克森告诉丽莎，他愿意试试看做个治疗。但是要设立一个约定：如果她真的要自杀，一定要提前告诉他。艾瑞克森说："让我们玩个游戏，我们先飞……一会儿。你要答应我，不管我接下来告诉你要做什么，你都要努力去做。"

大牙缝觉得，不妨一试。

艾瑞克森在她耳边轻声讲了要她做的事。

大牙缝回到自己家里，拉上窗帘，含上一口水，拿出一面镜子，放到一米以外的地方，尝试她昨天收到的怪老头的指示——训练自己从牙缝里滋水，并且要滋到一米以外。

"这个老头比我正常不到哪里去，"大牙缝一边滋一边想，"不过，还挺好玩的。"

接下来几周，大牙缝丽莎每周都去见艾瑞克森，他们会聊很多东西，她甚至觉得，那是她一生中最快乐的时光。

但每次艾瑞克森都要检查滋水进度，还不断提出新的指标："很好，你能滋一米啦，下一步我们的目标是一米五、两米，再下一步，要提高精准度——直接打中镜子里面你自己的脸。"

不知道是因为治疗还是滋水，丽莎的情绪好像好多了。

第六周，大牙缝丽莎已经能够轻松打中两米以外镜子里自己的脸。这天，艾瑞克森对她说："还记得我答应你要飞……一会儿的事吗？你的机会来了。"

他在大牙缝耳边，说出了那个危险的建议。

刚听到一半，大牙缝尖叫起来说："不——行——！这怎么可能!!!"

不管有多么不情愿，这事有多难堪，丽莎第二天还是去了。

她含上一口水，躲在公司茶水间拐角处——那个技术工程师的必经之路，心里暗暗祈求，不要来，不要来！

不过等到那个工程师端着一杯咖啡走进自己的"射程"，丽莎从拐角处跳出来，瞄准他的脸，以练习了 6 周后达到的精准度，向他狠狠地滋了一脸的水！

这就是艾瑞克森，这个疯老头的指令。

"啊——"

打中了吗？不知道。丽莎满脸通红，捂脸就跑，一直跑出办公室，包也不管了，一天没上班。

第二天上班，一进门，她就感到整个办公室都在看她，不是幸灾乐祸，而是那种惊喜派对曝光前，每个人脸上诡异的微笑。她低下头，红着脸走到办公桌前，看到办公桌上有一张用蓝色钢笔写的卡片，熟悉的字体来自那位工程师。

"有空去喝杯咖啡吗？"

5年以后，艾瑞克森重新回到加拿大讲学。

一天下午，有人敲门。刚打开门，一个小女孩就咚咚咚地跑上前来，滋了艾瑞克森一脸的水！

天哪！她有一个大牙缝!!!

抬头看去，门口站着俏皮的丽莎，她挽着她的技术工程师丈夫，他们笑得乐不可支。

我们都有很多的资源，但是你是否相信，不完美也是一种美。

我们每个人都有自己藏起来的大牙缝，你是否相信，那个你最想隐藏的东西背后，也有快乐的可能。

你是否相信，有这些缺点也是OK的。

这个故事很美，我曾在上课时讲，在咨询时讲，在朋友聚会时讲……

每次大家开心乐过以后，总有人会跳出来提一些问题——为什么啊？

为什么不想自杀了啊？

为什么要对着人家滋水啊？

如果那个男生不喜欢她，岂不是完了吗？

这个故事的背后逻辑其实很少有人能理解。读完本章，我想你隐隐约约地会理解到，这是一个关于系统的失控和掌控的故事。

丽莎一直活在牙缝的阴影里：别人越是嘲笑她，她越是不自信；越不自信，牙缝问题就显得越严重。"我是个笑话！"这是一个人生的负面回路。艾瑞克森帮她重新搭建了一个正面回路"控制牙缝"。用牙缝练习滋水，做得很不错！这一瞬间，治疗已经发生，丽莎的人生慢慢出现了一条自信回路，越来越自信。

再上升一个层次来看，丽莎的自杀行为貌似消极，其实是深深地渴望被爱的表现。当自信重新回到丽莎身上，为什么不试试看抓住自己心爱的人的目光，组建一个更大的系统呢？最后，丽莎有了一个美好的家庭生活。

我想你现在终于明白这句话：这个世界的绝大部分运作，都不在你眼前发生，世界早已先你而行。如果你看不懂系统，就永远无法理解事情的本质。

世界是个大系统，世界属于能理解它的人。

关注关系，理解回路，跳出层级

- 第一序、第二序改变：第一序改变状态，第二序改变系统。

- 系统：是高手看世界的方式，系统由元素、元素之间的关系，以及功能三部分构成。元素之间的关系比元素更重要。

- 回路：从时间维度看到事物发展的脉络，找到过去和现在的关系。

- 层级：从空间维度理解事情背后的真正规律。上层决定下层，下层无解，跃迁一层有答案。

- 控制点：多层布点、单点可控、目标折射。

05

内在修炼
跃迁者的心法

真正的改变都是逆人性的。你可以了解所有跃迁的技术，但推动跃迁的关键动力，是我们要成为什么样的自己。

活在连接时代的内在修炼

在前面四章里，我提到了很多这个时代的新玩法：只做头部，联机大脑，终身提问，理解系统。我不断思考，这些变化更加底层的改变是什么？到底是什么带来了个人发展范式的关键转变？是互联网、人工智能、科技发展，还是个人崛起、消费升级？

答案越来越明显，是连接。

因为有了连接，跨界变得简单，让世界变平。商家、消费者连接在一起形成幂律分布，站位和努力一样重要。

因为有了连接，我们没必要把知识存在脑子里，而是放到硬盘里或调取别人的知识，所以有了联机思考和学习。

因为有了连接，过去分隔的、不相关的人和事联系在一起，形成了复杂系统。如果不能辨识系统，我们便很难理解世界。

世界因为连接越来越大、越来越复杂、越来越不确定，个人因为连接越来越自由、越来越强大，也有越来越多可能。

这个时代可称为"海洋时代"。

过去的生活是平面的，像在陆地上，你只需要关注离你比较近的人；今天的生活则是三维的，像在海洋里，你可以游向四面八方。过去职业的攀登是向上的，你只需要搞定上面的人；在海洋里，你的每一个动作都像波浪一样会向四面八方传播开来，扰动身边的人。

我们是一群活在连接中的人，也需要一套全新的人生范式。

前面四章，我们讲了很多的技术：行业领跑者站位和卡位的技术，联机学习者学习和输出的技术，系统思考者分析和破局的技术——都是些真正聪明的招式。

不过这么天天聪明着，也挺无趣的吧。我希望和这些人合伙做事，不过可不想和他们聊天撸串。有人这样点评这些纯理性的人：

"纯粹理性的人，就像是一把没有刀把的锋利的刀。"

我们都羡慕纯粹理性的人，不做错误判断，总是清晰准确，稳准狠，英文中形容这种人叫"sharp"（锋利的）。

太锋利的人，就像没有刀把的刀。

《天龙八部》里的扫地僧说：你有多大佛法，就要多厉害的武功。这样才不会陷入"武学障"。如果佛法是武功的刀把，那么这个时代的跃迁者，需要一个什么样的刀把呢？在新的海洋时代里，我们这群活在连接中的人，需要什么样的内在修炼？

看世界：开放而专注

　　我住在长城脚下某个村里的小院闭关写这本书。这不是村里人的农家乐，而是一个城市女青年搭建的现代世外桃源。全木地板，欧标家具，双立人厨具，100兆宽带。湖北的老父亲从老家过来住在院子里，每天浇水、养草、搭藤蔓爬的木架子，闲时坐在藤椅上抽一口黄鹤楼，用两年时间打理出一个郁郁葱葱的花园。

　　生意好做吗？老头摇摇头说，最难的不是做事，而是周围人的思维差异。

　　在城里，你做得好，大家就来模仿、学习，比赛动脑子，经济一下子就搞活了。可能有人搬走了，新来的人家搬进来，继续搞。大家都有机会。但是农村里有些人现在还是有点儿看不得你好，院子生意太好，楼盖得很高，旁边人都嫉妒——这种嫉妒是那种完全损人不利己的嫉妒。用各种方法恶心你，比如偶尔给你断个水电。

　　当然，现在农村越来越开放，而城市也出现躺在父辈财富上不愁生计的人，这两种思维没有差距，更多的是"我好你也好"

和"我不好也不能让你好"的思维差异。

贫富差距变大,不意味着穷人更穷

前面谈到,开放流通的系统会产生幂律分布,这导致系统的贫富差距变大。但另外一个效应也很显著,开放让整体财富和平均财富都在增加。幂律法则并不是零和游戏,头部并不是因为抢夺了大部分人的资源而崛起。事实恰恰相反,开放让每个人都受益更多。

比如在第二章提到的"小糖人游戏",虽然不管怎样,最后都会形成稳定的贫富差距,但无论怎样跑,系统的财富都会变大,糖人的平均收入都会变多,整个社会更加富裕。我国真实的数据也支持这个结论,无论根据国家统计局的数据,还是联合国发布的关于教育、医疗、社会保障的数据,中国总体数据都在向更好的方向发展。根据人民网发布的对中国 GDP 的估计,2019 年,

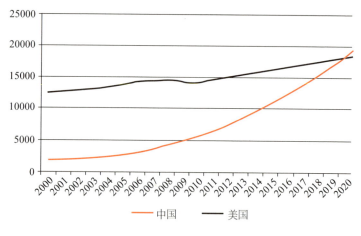

中美 GDP 趋势

中国人均GDP会达到13041美元，超过国际约定的高收入国家线。2020年，中美GDP将会持平，中国将成为GDP第一大国。

想想维基百科吧，维基的专业性不比网络版大英百科全书差。就是这1%的很专业又很热心的人创造了优质内容，然后传播出去，让整个世界都有收益。淘宝的确让马云的财富倍增，但是更多商家赚到了更多钱，每个用户也的确买到了更便宜的东西。

看不见的手，不仅重新分配了资源，也举起了整个系统。

小平同志说"一部分人可以先富起来"，后半句"带动和帮助其他地区"常常被人忘记。[①] 其实对于老百姓，让一部分人先富起来，不管你是"一部分人"还是"其他地区"，对你自己而言，都是好事。

我在高考的时候，班上成绩好的同学很少教大家如何解题，也会下意识地保护自己搞到手的学习资料，因为他们认为这是一场排他性的竞争。步入社会，我们才发现资讯这种东西，越分享越多。面临学校的考试，交换答案是作弊；面临人生和事业的考试，互通有无则是一种智慧。

今天，开放和流通的优势更加明显，因为信息是一种有门槛、无成本的分享物。无成本是指一份信息分享了还是一份信息，而有门槛是指如果听众认知水平不够，即使看到信息也不知道你在说什么，你在认知升级上花的功夫不会因为分享信息而白费。再说了，即使你不讲，也总有人讲，还不如自己讲，帮自己获得连

---

① 《让一部分人先富起来》，中国共产党新闻网。——编者注

接。今天，你会发现这样一种有趣的情况，两家竞争公司的业务部门竞争得你死我活，但是两家公司的老大却时常沟通信息，互通有无，什么事还商量着来，打个招呼。

从长远来说，开放者一定会赢，头部的开放者一定会强。

所以请务必积极参与到各种流通中去，以开放而不是批评的心态对待别人，这样你的收益最大。

但是为什么很多人还是不愿意参与呢？因为我们有一种"见不得人好"的认知偏差。

两份一模一样的工作，只是工资不同：

· 9000 元收入，同事的工资是 7000 元；

· 11000 元收入，同事的工资是 12000 元。

你会选择哪个？现实中，大部分人会选择前者。在他们看来，比别人好，比自己过得好重要。

所以开放会让你不舒服。在小世界里也许很厉害，只要你一进入开放系统，就马上能看到许多比你强的人。有以前完全看不到的强人，有成长飞快的人，有当年和你差别不大但现在很强的人……和这些家伙在同一个维度下，你简直就像工资表被暴露的底层员工一样，受不了。

你退出，急于给自己定义个封闭小体系，在封闭的圈子里，寻求心安理得。

这是"那些人都是靠尔虞我诈贪污腐败上的位，我们就是输在老实上了"，也是"这么成功，还不是靠他爹"的思路。

看不得人好、不承认自己差的人最爱封闭体系。

对大神，要见得人家好，不要想着当年他和我还同班同学呢……当年是当年，人家乘着幂律火箭跃迁了，你能做的只有赶紧学习。对比你差的人，要容得别人的不够好，他和你的差距没你想的那么大，只是他还没有理解你看到的规律。

佛教中有一种修炼，叫作随喜赞叹。西藏人看到了朝圣路上磕长头的人的虔诚，于是随心、真心发出感叹，感叹他们的功德，也希望他们更好。

这个瞬间，你就获得了同样的福报。

随喜赞叹其实有它的科学性。当你愿意开放分享，真心为他人的成就感到开心，你就把你身边变成了开放系统，你自然也就会从系统里受益。

开放是道德修养，更是理智选择

从开放性的角度来谈一个也许会引起争吵的话题——中医理论体系，好不好？

先说我自己受益的例子。我吃过中医的方子，效果很好。有中医的老师，教我很多人生哲理。我外公吃我妈按民间方子熬的药，不知道是心理暗示还是真有疗效，总之膀胱癌癌细胞在老年人身上扩散很慢，当年认为只能活半年，现在都已经过了 4 年了。

不过我还是觉得中医理论体系可以更好。中医理论体系里最得意但也最大的问题就是不同的人生太过自洽。中医有一个很自洽的体系：阴阳五行，相生相克，心肝脾肺肾。大阴阳里面还有小阴阳，无限细分，一直到无穷尽。诊断为肾虚，那么什么叫作虚？人生的不同都有不同的标准。这是一个非常复杂精妙而自洽的体系。

西医的体系架构不完整得多，持续引入了生物学、化学、物理学、电磁学、统计学、心理学、社会学等学科内容，而且几百年来一直争论不断。这种复杂开放的系统逐渐生成，在各地区扫荡很多传统医疗体系，这是物理规律。

当一个体系什么都能解释时，就没法被证伪，也就无法更新，必然趋于封闭。一旦封闭，必然熵增；一旦熵增，必然长久趋于平庸。所以一个无法被证伪的体系，无论有何等智慧，必然会被慢慢迭代的系统所赶超。

增量、终身提问、探索、随喜赞叹……这些词蕴含同一种智慧：提醒我们要保持开放。一个封闭的系统，一定会熵增，趋于平均和无序。说句大白话，封闭的系统就意味着不进食的身体会死亡，不开放的大脑会枯亡，不开放的社会会衰亡。

要做见得人好的人，学习见得人好的思想。

这是道德修养，更是理智选择。

开放才能专注

第一次从法国旅行回到北京，我震撼于北京市容的灰色和平庸。

从四环开车到中关村，整条路上除了鸟巢，全部都是灰色或者土红色的楼，和法国五颜六色的鹅卵石小街道形成鲜明的对比。

车开过北辰桥，你能看到鸟巢，而鸟巢能代表中国吗？央视大楼可以吗？它能出现在任何一个国家，毫无违和感。你看不到中国。从胡同能看到中国，从德胜门能看到中国，从紫禁城能看到中国，不过很多很美的建筑，都因现代化改造被拆掉了。这个时候，我才开始痛心，知道北京失去了什么。

我并不是第一个有这种观点的，也不是最后一个，但只有当我有了全球视野，才会重新反思我深爱的城市的优势。早有人比我辈看得更远、更精确。

作为有国际眼光的建筑史学家、城市规划师和普林斯顿大学的客座教授，梁思成曾任北京市规划委员会副主任，他和留英建筑专家陈占祥提出了"梁陈方案"。

在北京城西再建一座新城，而长安街就像是一根扁担，挑起北京新旧二城：新城是现代中国的政治心脏，旧城则是古代中国的城市博物馆。

"如果这一片古城可以存留至今，那将是世界上唯一得以完整保留，规模最宏伟、气势最磅礴的历史文化名城，就连今日之巴黎、罗马也难以企及。"中国文物学会会长罗哲文和徐会长表达了同样的看法。而北京城的发展也可以避免现在的极度集中与拥挤，政治、文化、商业中心高度集合，每天高峰期，人们在一环套一环的路上堵着，浪费生命。

梁思成多次上书挽救北海的团城和北京城墙。为了保住永定门，林徽因也恳求：你们现在拆的是真古董，有一天，你们后悔了，想再盖，也只能盖个假古董了！但是团城古城墙最后还是被拆除。1957 年，永定门城楼和箭楼也因为"妨碍交通和有安全隐患"被拆除。

一语成谶。2004 年，"假古董"永定门城楼重修竣工。

如果让我回到 1955 年，站在城墙下失声痛哭的梁思成先生背后，他手持永不可实现的美好古城的"梁陈方案"，面前是施工中轰然倒下的城墙，清瘦的背影轻轻耸动，我拍拍他的肩膀，张口想说句安慰的话，但我又能说什么呢？

当时的开国元勋们，是极聪明的一群人，但他们在关于什么是真正的文化这个问题上，还是遇到了历史局限。反而是那些离开过国土、有全球观、见过世界的人，更加知道什么是真正好的中国文化。

我经历越多，越能明白，高明与不高明的观点的差距并不在于智商，而是在于眼界。在今天，人与人在知识获得上是公平的，眼界的差距会反馈到心智上。这个决定因素，就是视野开放。

职场人总是在思考自己的优势是什么，天赋是什么，出路是什么，想爆头都不明白。创业者思考自己的优势是什么，核心竞争力是什么，好像怎么都对。他们缺乏的，不是聪明，而是开放。

创业者创业的时候，常常有一种误区，就是总觉得自己做的业务没什么价值，总觉得对方的业务好——2B（对企业）的总觉得 2C（对客户）的业务带劲，大家都认识你，还直接接触客户，好赚钱；而 2C 的总觉得自己的业务又苦又累，实在不如 2B 业务清爽。个人发展也是，做技术的总羡慕做市场的人有趣，而做市场的总觉得做技术的人有真本事，彼此羡慕。

这个时候，你给他看报告、看测评、讲道理都没用，这不是智商问题。你不妨带做大众市场的看看做关系的酒局，带做关系的看看做大众市场的一个个拉客户的不易；让做技术的跟着做市场的人跑几趟，或者让做市场的人检测一段代码……基本他们都会重新回去做自己擅长的工作。

当你站在趋势的高度看待产业，站在行业的高度看待企业，站在价值链的高度看待自己，你会理解什么是真正需要专注的竞争力。

专注和钻牛角尖的最大区别就是视野，视野来自开放。如果你没有看到更大的世界，就会总想着"也许会有更好的可能呢"；当你看完了全局，也就更加能够回来安心做自己。

只有开放，才能专注。

贫穷的本质

我们先来谈谈富裕的秘密，这已经是公开的秘密了。积累第一笔原始财富的确是很难的，靠机遇、努力、节俭甚至掠夺；赚取第一桶金以后，保持富裕不算难——利用复利。

假设理财产品每年的收益率是 8%，如果你 30 岁开始投资，到 80 岁时财富会增长约 50 倍（$1.08^{50} \approx 46.9$）；如果这一年你的孩子出生，那么在孩子 80 岁的时候，财富可以增长近

500 倍（$1.08^{80} \approx 471.9$）。

这么看来，保持富裕应该是件挺简单的事：一个富裕的家庭在子女 30 岁的时候，拿出 100 万为他（她）设立一个养老基金应该不算难；以每年 8% 的回报率来计算（8% 指的是实际回报率，考虑到今天的通货膨胀，这大概相当于 15% 的投资回报率），在他（她）60 岁的时候，这笔财富会超过 1000 万，足够养老和生活了。所以富裕家庭只要不出大错，很容易保持优渥的生活水平。

照理说，这种方式谁都能看得懂，为什么不是所有家庭都变富裕了呢？

因为心态。如果你只有 20 万，就很难有平稳的心态 30 年不动这笔钱。对富裕生活的向往让你很焦虑，急于翻盘过上更好的生活。市场上到处都有财富猛然增长几倍的时机，如果总想着一把翻盘到 200 万，即使蒙对过几次，要是你习惯了这种暴利，一直赌下去，总有一局会全部输光。

吴军老师在"得到"App 的专栏《硅谷来信》里讲到《家族财富》这本书，他感叹道："时间是你的朋友，而时机不是。"那些富不过三代的家族，很多是因为某一代突然做了过猛的投资决定。

贫穷是一种追求暴利的心态。但是为什么会有这种心态呢？心理学、社会学都提出了自己的见解。

《稀缺》这本书中提出"思维带宽"的概念。穷人贫穷是因为他们的注意力都放在如何解决温饱的问题上，很少有多余的"思维带宽"思考长远发展的问题。你总想着今天的饭有没有着落，哪里有时间思考什么发展战略、儿女教育呢？发展战略显然是脱贫的核心。如果说贫穷是一种"思维带宽"的稀缺，注意力资源就变得非常重要——大神战略的每一步都是逆人性的，需要巨大的带宽。所以，如果你注意力稀缺，即使你知道要做些什么，也会陷入战术勤奋、战略懒惰的困局。

那么是不是说物质财富就不重要？其实不然，有一定的物质财富还是很重要的。《自控力》一书从"自控力肌肉"的角度解释了这个问题。自控力如肌肉，用多了会疲劳。穷人长期处于物质稀缺状态，需要消耗更多的自控力去抵抗诱惑，一旦自控力耗尽，就很容易放纵。一次放纵对于富人来说也许是损失，对于穷人来说则是灾难。穷人并非不懂得延迟满足，只是他们对自己延迟满足的肌肉的操控力，早就被生活消耗得所剩无几。在《贫穷的本质》这本书里，作者阿比吉特和埃斯特观察到很多捐赠者本来希望穷人将捐款用在教育、健康上，实际却往往被花在了消费品、奢侈品上，因为穷人和富人处于不同的自控力和心智资源层面。

如果把这种根据社会学尺度观察到的贫富现象平移到我们身边，就会发现，其实贫穷早就不是一个财富数字，而是一种稀缺的心理状态。

在这种状态里，你越是注意力、自控力稀缺，越是没法想远，只能贪图短期翻盘或享乐；而越是这样，就越深陷劳而无功的苦差事之中，造成进一步的稀缺。工作瞎忙、生活混乱、情绪失控，这个时代整体的焦虑，都是因为这种向下螺旋的吸引力。

既然贫穷不是一种资源，而是一种心态，那么脱贫就不能靠抓住某个机会、学会某个招数，而是要靠一套打法、一种心态。我们在第一章说的"高手战略"也一样，高手战略不是一种计谋，而是一种心态，一种既开放又专注的修炼。

　　开放才能不断找准高价值区，专注才能在自己的能力圈内修建护城河，不被其他东西带跑。高手战略的内在修炼，就是开放且专注。

你对外界的看法，决定了你能走多远

　　14世纪初，马可·波罗游历东方，回去讲了一个大神话，引发了西方对于东方的狂热，开始热切探寻东方商路，这直接推动了15世纪末大航海时代的来临。接下来的500年，是发现新大陆、全球经商、海上列强纷争、美国崛起的500年。那个时候的我们在干吗呢？明朝276年，清朝295年，封闭了500多年，最终被船坚炮利的西方文明打开国门。

　　这不是东西方之争，而是规律和规律之争，是开放和封闭之争。

　　有两张地图，也许可从某种角度诠释这段历史。左边是亨利库斯·马特鲁斯的航海地图，据说哥伦布就是拿着这张地图出海的。在这张地图里，出现了好望角、渤海湾、印度、红海……西班牙的绘制者把自己的国家放在了地图左上角。

　　而右边是明朝1389年绘制的大明混一图。这个地图中，中原、渤海地区占据了60%，好望角、红海被不成比例地压在右下

亨利库斯·马特鲁斯世界地图

大明混一图

图片来自网络

角，而当时丝绸之路已经通商了100多年。大航海时代刚刚开始，而400年后轰开我们国门的欧洲国家，被挤在一个角落。

同一时代两张地图，反映的是制图人的两种世界观——持亨利库斯海图的哥伦布，从世界的一个角落出发，开放，寻找增量；而拿着大明混一图的郑和，出去开拓航路，宣扬国威。总之，他是在寻求一种封闭、自我稳固的方式。

这不是东西方的差异，而是规律与规律的差距。

如果有一个人能站在世界地图顶端，告诉明朝、清朝那些聪明的皇帝、名臣这张全景图，这些人一定会选择"比较富"而不是"一起穷"。悲剧的是，不开放的群体并没有意识到他们是"一起穷"，还以为自己是"都很富"呢。

求知若饥，虚心若愚

500 多年以后的鸦片战争，让我们看到了规律跑出来的结果。

对待未来和新事物的态度，决定了我们未来能走多远。

这个世界只有三种人：创造变化的人，拥抱变化的人，忍受变化的人。希望你成为前面两种人。

随喜赞叹还是不许你过得比我好？比较富还是一起穷？封闭还是开放？

这是一个选择。

"开放而专注"九律

1. 见得人好，经常随喜赞叹。

2. 找到自己领域的知识源头，并分享。

3. 不随便崇拜谁。一旦崇拜，以他为顶，你的系统就又封闭了。

4. 不再认为自己不喜欢、看不懂的东西就是傻的。

5. 小心那些"一切都能解释得通"的上帝视角感理论。

6. 对水平没你高的人要宽容，因为你也没有掌握真理。

7. 留出 10%~30% 的时间，给自己不懂也不太会接触的领域。

8. 站在更高角度，发现和专注于自己的独特之处。

9. 专注于自己的人生大问题。

看自己：迟钝而有趣

迟钝也是一种竞争力

如果你想让现代人选择增强自身的一个功能，比如看得更远、力气更大、速度更快，我想大部分人都会选择速度更快。

在一个一切都越来越快的时代，处理器每隔 18 个月快一倍，网速每隔两年升级一档，如果你买个网络会员，你能更快地跳过广告看内容。每天上班走到楼下，你盯着那个楼层数字，心里都在喊：快快快！

"快"真的是时代终极解法吗？先看看下面这个故事。

2006 年，美国 UNX 股票交易公司在关闭前 6 个月，看到了一个翻身的机会。

想到股票交易，你一定会脑补那种纽交所里人来人往的画面，每个人都在疯狂地打电话，叫嚷着自己要买的数量，满地都是雪茄灰和白色纸片，一个交易能在几秒钟之内完成就算神速了。

但今天这已不是主流。20 世纪 90 年代末，美国证监会允许通过机器交易，机器能在几毫秒内完成一笔交易，根本来不及等待交易员打电话——这种"高频交易"占到了今天美国股市交易量的 70%。电子交易所如雨后春笋般在全美国成立。

位于加州的 UNX 就是抓住了第一波机器交易机会的公司之一，不过 7 年下来，这家公司技术过时、硬件陈旧——如果没有改变，距离倒闭就只有 6 个月了。

公司的董事会主席、哈佛商学院的金融系主任安德烈·佩罗德一直在找合适的人。他知道这个人应该理解各种算法，最好是个跨界人士，不会被过去的思路所限制。他找到了斯科特·哈里森。斯科特精通算法，在做这个之前，是 SOM 建筑设计事务所的建筑师。

2006 年 7 月，斯科特任 CEO，他很快重新建立了算法，升级了计算机设备，在距离华尔街 4800 公里以外（注意这个数字，未来会成为关键）的地方启动了交易开关。斯科特深信这个更快的系统能帮他们抢到更低的股票价格，从而获得更高收益。

果不其然，这个系统一上线交易成本就低于同行，业内闻风而动。一年之内，大量客户转投其门下，他们超过了一家又一家设备精良的公司——雷曼兄弟公司、瑞士联合银行、琼斯交易公司……到 2007 年底，这家默默无闻的公司，在所有证券交易公司排行榜的各个分类数据都排到第一，哈里森成为证券界的英雄。

越是发展，越是大胆，哈里森决定走一大步——把公司搬到纽约，因为这可以把交易时间从 65 毫秒进一步降低到 30 毫秒。前面提到过，高频交易的速度是以毫秒计算的，这 30 毫秒就是从西海岸传到东海岸的时间。在股票交易里，更快的速度意味着更快收到消息、更快反应、更低价格锁定订单，而慢一步的对手则不得不用更高价格拿到股票。要知道，芝加哥到纽约的直通收费光缆能让交易速度提高 3 毫秒，虽然费用奇贵，但是很多证券公司还是愿意用。

哈里森把所有设备都安排好，测试发现速度提高到了 30 毫秒。他信心十足地再次按下按钮，感觉到从优秀走向卓越的机会来了。

但是情况和他想的完全相反：

> 突然间，公司的交易成本比以前更高了。我们总是在更高的价位上买入股票，卖出之后的收益也变少。虽然交易速度更快，但执行效果却大不如前。这是我见过的最不可思议的事情。我们花了大量的时间去确认结果，一遍遍地检验，但最终得到的都是这个事实。无论我们怎样努力都没有用，速度越快，结果反而越坏。

这是为什么呢？全世界最聪明的大脑都想不到为什么，实在没有办法的情况下，有人迷信地说，也许是计算机也有"水土不服"？他们试着放慢计算机的速度，让交易时间重回 65 毫秒。

当每一笔交易时间回到65毫秒时，公司又重新登上了排行榜的榜首。这真是太奇怪了！我的意思是说，我们身处全球最有效率的金融市场，每一秒钟的交易额就达几万亿美元。搬到纽约之后，我们的速度变得更快，但结果却变得更糟，于是我们把速度降了下来，问题反而得到解决。这是最令人费解的事情。在这样一个速度至上的世界里，你放慢速度，效果居然更好。

UNX有点儿神秘主义的经历显然不是事情的最终答案，人们逐渐理解了事情背后的逻辑——延时的好处。

前面说过，高频交易的股票市场主要由计算机管理，而资深的买家往往会先丢一小部分钱进去试探这个市场，看其他人的反应，最后通过反馈回来的信息，预测这个股票是否值得投资，最后再大批量买入。这有点儿像比赛中间做一个佯攻动作，观察对手的反应后再出招。但股票市场更加复杂，是一个多人多次博弈的复杂系统。

在这种情况下，交易的反应太快，就好像看到对方佯攻马上全力反击一样，是有问题的。最后的策略是等待价格稳定了以后再购入。这个"等待"的时间长度很微妙，太早就过敏，成本高；太晚又过于迟钝，成本也高。找到最佳时间点的过程，就是"延时管理"。

延时到底多长是合适的？这是一个随着竞争升级持续改变的

数字，但是至少在 2007 年期间，这个数字是 65 毫秒。斯科特的成功不仅是因为他的高端算法和精良机器，更重要的是他们公司的地址，正好让他达成了 65 毫秒延迟。今天所有的高频交易公司，都在做"延时管理"，通过调整响应速度获得更低成本。

UNX 的经历其实并不是新鲜事。通信和网络工程行业的人早就知道，快并不一定是好事，如果计算机都在收到信息那一刻马上做出反应，往往会在那一瞬间引发网络拥堵，还不如延迟几秒，成本会低很多。

这种情况在个人生活中更常见。这就好比你下午 6 点下班开车回家，发现因为大家都下班，反而堵在路上，8 点才到家；而 7 点半出发，也许也是 8 点到家，错峰出行也许比快速反应的成本更低，这一个半小时就是你的"延时管理"收益。

在一个资源很多、多重博弈的世界，缓慢反应的能力比敏感有效很多，迟钝比敏捷更加重要。这种能力，在股票交易中能帮你降低成本，而在管理复杂系统时，迟钝就是一种生存能力了。

第一反应与第二反应

想象在一个有冷热水龙头的地方洗澡。通过调整冷热两个水龙头，能调出温水，但这种地方直接打开水龙头时的水温是永远没法让你满意的，不是冷得要死就是烫你一下。这次水是烫的，于是你马上拧冷水龙头，但是水温没有马上下来，你觉得肯定是冷水放得不够大，于是继续拧。过了半分钟，水突然又一下子变得冰冷，你"哇"的一声跳开，浑身打战地调节热水龙头。同样的情况出现了，水温不热，你继续调。10 秒钟以后，又太热了。

为什么会这样？

你已经猜到了，因为管子很长，冷热水并不会一下子变热或变冷，系统有自己的延时。当你觉得太冷的时候，已经是一个恰当的刻度了。在一个需要长时间反馈的系统里，你的每一个即时反应都是过大的。正确的方法就是慢慢拧，让阀门和水温都平稳地同步升高，一直到合适为止。如果你的判断以秒为单位，你会发现永远无法调到合适的水温，但是如果以 5 秒为单位，调到合适的水温是件很容易的事。

越庞大的系统，反馈的周期越长，越需要更久的时间和耐心。

最好的方式就是克制第一反应，等待第二反应。

身体就是个复杂系统。

如果你要爽，其实 1 分钟喝个汽水、吃个垃圾食品就是好选择；如果你要减重，1~3 天是个好周期；如果你要降低体脂，10 天才是个合理周期；而如果你要健康，100 天才有可能实现。

企业也是复杂系统。

同样是刷成就感：玩一盘游戏的周期是 5 分钟，写一个读书笔记的周期是 4 小时，每日做三件事的周期是一天，公司经理的工作周期是一个月，总监和企业看的是一个季度，股东看年回报率，基金一般是 5~7 年的回报期，而行业有 10~30~60 年的大周期。

操越大的盘，越需要对于短期体验的迟钝，需要对于长期受益的想象力。

"人类是唯一会思考遥远未来的动物。"已经有证据显示，一些动物会本能地"预备"未来，比如鸟会筑巢、水獭会筑堤坝、松鼠会储存食物，但是这更多的是一种本能，并不是思考。狗在接受训练以后，可以做到因为 15 分钟以后就能吃到的一块大肉排，忍住不吃眼前的狗饼干，但是终极长度也就 15 分钟。**在短暂的时间里，人和动物并无优势，我们的优势在更远的时间里。**

人性和动物性的尺度，就是时间。只有人类，有能力思考遥远的未来；也只有持续思考遥远未来的人，才能坚定地摆脱自己的动物性部分，才不会陷入具体的短期快感中。在思考跃迁里，我详细地描述了第一序、第二序的改变，第一序改变往往带来好的感受，而第二序改变带来长远的改变。

关闭朋友圈 4 个月的损益报告

我对自己做了一个测试——关闭朋友圈。

朋友圈是一个让你反应更快更高频的东西。我的一个朋友说："上班焦虑刷下，看别人在干吗。下班路上刷，出去玩总想着发。发就发好看点儿，就要摆拍，拍完又要美图，美完要想写什么，写完又着急看点赞数，一直看到还在加班的老板默默地在下面点赞，又开始担心怎么办，要不要给他带礼物……我这一个假期都花在朋友圈上了。"

不看朋友圈会不会给我带来重大损失?

从 2017 年 3 月 5 日开始,我关闭了这个功能,至今已 120 多天。4 个多月过去,我没有错过任何重要的信息,甚至连不那么重要的各种话题都有所耳闻。除了偶尔有人好奇地问问我,几个人以为我把他们拉黑了,然后也就删除了我。不过这些社交心理如此不自信的人,也正好是我希望通信录"瘦身"的目标。但是我的收益是巨大的。我获得了前所未有的清静时光,不再为如何在他人面前展示自己,如何讨巧不着痕迹地宣传自己、卖弄智慧,依靠点赞评分而活。

更有趣的是,当你不快速反应追过去,重要的信息会自动浮现。

比如徐晓东和雷雷(雷公太极)的对垒,一开始挑战,15 秒被击倒,雷雷回应,大众分析,各家回应,雷雷不服,徐晓东继续向其他人发出挑战,其他人不理,大家转身热炒其他"大师",讨论传统武术不行了……

整个事情大概持续了一个多月,每个人花在上面的时间,看、传播、讨论,从一小时到数小时不等。如果你可以稍微"延迟"一点儿,在 5 月底回看这件事情,基本上两句话就说清楚了。

1. 雷雷绝非太极高手,徐晓东也是一个中等水平的自由搏击者,二位都没法代表自己的门派;

2. 中国传统武术的确被过度神话,也养了不少"大师"。在一对一无规则的实战中,会比较吃亏,但是其哲学、养生意义还是很好。

如果你不是武术或者搏击爱好者，知道这两个结论足够了，大概也就是花 10 秒的时间。甚至你在更长的周期——年底时回想起来，知道不知道这件事，都对你没有什么影响。生活中的大部分热点，只要忍住第一反应，你会在一个月以后获得一个清晰、简单而正确的评价。从这个角度来说，不刷热点、不第一时间追热门书、在电影快下架之前才决定是否看，都是非常省时间的方式。

而就在太极武术对垒的同时，却发生了一件其实与很多人未来命运息息相关的事情——"一带一路"国际高峰论坛。习近平主席领导最大的阵容出席国际会议。

"一带一路"的合作重点是：政策沟通、设施联通、贸易畅通、资金融通、民心相通。

• 政策沟通大会已经结束。

• 设施联通带来的会是路桥、建筑、水利、钢铁以及相关行业的爆发，然后就是通信设备、通信商的机会。接下来所有在中国互联网、手机上出现过的机会，都会在那些国家快速涌现一次。

• 贸易畅通让未来的小商品交易有新的出口方向，未来不仅有海淘，更大的输出应该是向"一带一路"沿线国家出售商品，小语种人才会很稀缺。

• 资金融通意味着资金有新的出口，会有跨国的金融服务和投资机会，但要在能保护资金安全的国家，所以未来安保也是一个重要的机会。

•民心相通，学者表示这意味着文教这个领域会前所未有地爆发，特色小镇、文化小镇会涌现。中国需要有自己的"好莱坞"，有自己的文化英雄。和中文相关的文教会更加蓬勃，最近的《诗词大会》《朗读者》等节目大热，无不是这个信号的印证。

卡车之家的CEO邵震告诉我，卡车出口已经连续几个月实现300%的增长。我身边很多建筑施工单位已经竞标数额上亿元的"一带一路"工程项目。互联网领域的App公司开始开发阿拉伯语的应用。如果你是义乌的小商品制造者，也许应该考虑下这个市场。热门的海淘领域可以考虑反向输送。阿里、万达、中信早就开始全球搜集好的内容产品，5月份引入了Discovery（探索频道）。对于个人来说，文教、国学这种增强文化自信的产品空间很大，国际教师也很稀缺；国际安保是保安工作的升级，而要学习一门小语种，阿拉伯语会是个好选择……

总之，这是一个有机会改变很多人职业选择方向、创业机会的事，至少对于生涯规划师是一件大事。但根据我的观察，很少有人真的对这个在"百度百科"上的文档仔细研究过哪怕一小时。很多年以后想起来，中国的政策，或者你自身的命运，肯定会与这个国策有一定的关系。

这两件同时发生的事情，放在一起比较就变得有趣了。在第一反应里，"一带一路"远远没有徐晓东、雷雷的对战体验好，所以获得的关注少很多；但是如果在第二反应中，它对于你的影响非凡。

短期体验好的事情，似乎总是很难达成长期的深远影响；而缺乏深远把控，又反过来让人无法把控未来，焦虑浮躁，空虚没成就感，更紧迫地需要短期刺激。

所以，穷有穷的原因，富有富的理由。浮躁是浮躁的原因，也是浮躁的结果。

迟钝的人懂得克制第一反应，等待重要的事情浮现。

每个领域的高手都懂得忍住自己的第一反应，等待第二反应。

成为一个有趣的人

迟钝而有趣？

这看上去是个悖论，迟钝而专注比较靠谱？

不，就是迟钝而有趣。迟钝不是慢，是看到了更大的系统。有趣的人不是浪，而是看到了更远的格局。

凭着本书一以贯之的民间科学家气息，我本来准备闪着理性的光辉和你探讨：

1. 进化论里，物种会繁殖超过繁衍需要的后代数量，也就是通过冗余来对抗环境的不确定性；

2. 生物在成长过程中，好奇心和玩作为一种进化机制，到底有多重要？被剥夺的小孩和猴子有多么生不如死；

3. 今天企业和个人能从有趣这种进化机制中学到些什么，来应对自己面对的不确定性。

提纲都定好了，深吸一口气正准备写。

还是先给你讲 3 个故事吧。

昨天，几位老友在三里屯西班牙餐厅吃墨鱼焗饭，吃完满嘴黑。气泡酒喝到第五杯，有位哥们儿宣布，他明年想去人大读个明史的博士。

我们都觉得逗，他老兄 50 多岁，投资圈大佬，IT（信息技术）界门儿清的前辈，发什么神经？

他给我们说了一个故事。

30 多岁那年，他去美国考察，接他的是一个 75 岁的管道工程专家，长得有点儿像海明威，红光满面，留着胡子。老头一个人住在海边，所以开了架私人两座小飞机来接他。

颤颤巍巍地飞了两个小时，到了海边的一个小别墅。那是幢老式木质结构的房子，一共有三层，一半架在海上，过去是个海事局办公所。一楼是客厅，二楼有三间客房，三楼是老头的起居室，共三间。

老头带他上三楼参观，每个房间里都有一张大桌子。第一个房间里摆满了各种航线图——那个时候还没有 GPS（全球定位系统），私人飞机飞行要自己算角度和长度，自己绘制航线图；第二个房间从上到下，挂满了工程图，那是他吃饭的手艺——管道工程；第三个房间特牛，进去全是各种书和世界名画的图片。

我这哥们儿好奇地问，这个是干吗用的？

老头一边收拾桌子一边说，哦，我在读美学博士。

你想那是差不多 25 年前，香港都还没回归，全民还在广州倒腾电子表。当时哥们儿惊了，没好意思问，您这 75 岁读美学博士，毕业到底有啥用？

"今天到了我这个岁数，想起来这个老头，真牛。"

当天晚上，他就住在二楼房间，听着海浪拍打的声音，躺在床上，开着床头灯看这个房间——从天花板到墙壁，手糊的几千本《纽约客》的封面贴满了房间。老头说，他喜欢这个杂志。

"这就是我要去读博士的原因。"他摇晃第六杯起泡酒，说。

老头这种有趣，叫作多元。世界上有好多种生活，不同的年龄有不同的调调，不一样的地方有不同的文化，笑有笑的痛快，哭有哭的凄美，浪有浪的逍遥，稳有稳的中正——如果你只吃过一种，你不仅是怕不确定，你还怕死，因为总觉得可惜。生活 20% 留白，做点儿不靠谱的事——这样的人生不会死于某个变化、某个黑天鹅事件，是一个长期稳定进化的生态系统。

我们公司有一个"梦想基金"的制度：每年提供 15 天假期，一个月工资，让员工做一件"牛且有趣"的事。有人开始挑战"7+2"①，有人给自己文身，有人回家里陪母亲聊她的故事，有人带着闺密游欧洲……个人因为这些事变得丰富，组织也因为这些人的改变而变得更有生机、更有创意。

真正的定见，不是一门心思做好遇到的第一件事，这也很伟大，叫作坚持；但真正的定见，来自见过了各种不同的生活，你

————————

① "7+2"，代指攀登七大洲最高峰、徒步到达南北极两点的极限探险活动。——编者注

回来做自己。

第二个故事，是林语堂在《苏东坡传》里记录的：

> 有一天，苏东坡从凤翔回京都。走在山路上，苏轼手下一个侍从突然中了山神的邪，一件件地脱衣服，别人勉强给他穿上，把他绑起来，但他还继续闹。
>
> 苏轼就走到山神庙里，对着山神说："我有一个侍从，也许触怒山神中了邪。但是这么一个侍从，值得你山神这么怒一下吗？可能他做了什么坏事我不知道，但是附近重镇里，有很多为富不仁、作奸犯科的人，他们做的坏事远远多于这么一个侍从，你不对他们发怒，却欺负这么一个小人物。你还是赶紧收了你的怒火吧。"
>
> 走出山神庙。一阵狂风刮了过来，飞沙走石，不能前进。苏轼对随从说："难道山神余怒未发吗？我不怕。"狂风越发厉害了。有人求他回去求饶。
>
> 苏轼说："我的命由天地掌握，一个小山神奈我何？"继续往前走。
>
> 风小了，那个侍从也就清醒了。

这只是苏东坡这一辈子的一个小片段。他对神鬼这样，对强权也是一样，有自己的气节，也有自己的才华。难怪他这一辈子官运不好，才气又通天。流放期间，每次有新诗传到朝廷，神宗皇帝都会当着众臣赞叹一番，吃饭的时候，经常放下筷子看苏东坡的表状。皇帝越是赞叹，群臣就越惶恐，只要神宗在，他们就尽量让苏东坡流放久一点儿。

苏东坡自己却不在乎，他去了惠州，最后还去了那个时候近乎蛮荒的海南，一切照单全收："吾上可陪玉皇大帝，下可陪卑田院乞儿。眼前见天下无一个不好人。"但是苏东坡也不坐"一切都无所谓啦"的人生壁上观，他深深热爱生活——不管好和不好——写的诗词一会儿批评时事，一会儿调侃政治，一会儿思念兄弟，一会儿怀念亡妻，经常撩拨侍女，没事调戏和尚，每一个都深深入戏。

苏东坡这种有趣，叫作超然。美国纽约大学教授詹姆斯·卡斯写过一本书《有限与无限的游戏》，书里提到一个概念，"世界上至少有两种游戏，一种是有限游戏，以取胜为目的；另一种是无限游戏，以延续游戏为目的"。

所以，成功是有限游戏，成长是无限游戏；项目是有限游戏，事业是无限游戏；生命是有限游戏，意义是无限游戏；到了苏东坡这里，荣辱是有限游戏，才华和品格，才是无限游戏。

如果你没有意识到，在有限游戏以外还有无限游戏，就会太计较得失。一个在办公室被臭骂的员工，如果想起来这只是职业发展这个无限游戏里的一个有限游戏，他就不会沮丧太久。

所谓的超然，**就是在每个有限游戏里深深入戏，但是依然有跳出无限游戏的能力。**

最后这个故事，是一个妇女和科学家的对话。

一个妇女很苦恼，因为生活无趣，她去请教《昆虫记》的作者让·亨利·卡西米尔·法布尔。

"教授，我看过您的书。您的工作真伟大，您的思想真有智慧，您有机会研究世界上所有有趣的东西。而我，只是一个无聊的家庭主妇，生活里面什么有意思的事都没有。"

"和我说说你的生活吧。"

"唉，实在没有什么好说的。我每天就坐在台阶上削土豆，每天要削完4袋子；我妹妹就坐在我对面，把土豆洗干净。"

"夫人，"亨利用一种神秘又好奇的语气说，"你有没有想过……你坐着的台阶下是什么啊？"

"是砖头啊。"

"砖头下面呢？"

"是泥巴啊。"

"在泥土之下，还有些什么呢？"

"嗯，也许有蚂蚁。它们经常从砖缝里面爬出来。"

"那么，尊敬的夫人，你有没有好奇过，这些蚂蚁是从哪里出来的？它们在干什么？它们是怎么沟通的？它们怎么生活？它们是怎么找到你的土豆的？"

这个妇女若有所思。她开始留心这些台阶下的砖头，以及砖头下泥土里的小生命。为了懂得更多，她开始去请教亨利，开始去图书馆，甚至开始记录这些内容。

10 年后，她甚至在专业杂志上发表了一篇关于蚂蚁生活的专业论文。

她最后成为……不，她最后什么也不是，也没有拿到什么重要的奖项，她的人生最高峰，就是那次在专业杂志上发表的论文。但是她一辈子都很幸福，而且过得很有趣。因为她生活里充满了第三种有趣，那就是好奇心。只要你还有好奇心，这个世界就还在你面前延伸，未来依然可塑。

有统计数据显示，一个学龄前儿童平均会问父母 100 个问题，一项美国的数据甚至显示，4 岁的小女孩一天会问妈妈 490 个问题，男孩略少。

那我们是从什么时候开始，不再问"为什么"的？

就是我们习惯了这个世界的时候。

多元、超然和好奇心，是面对不确定人生的态度，拥抱偶尔，和不确定共舞。

好玩儿死了，哪儿还有时间板着脸生活呢？

迟钝而有趣

"迟钝而有趣"七律

1. 对不重要的事，漠不关心。

2. 忍住第一反应，等待第二反应。

3. 不追热点，等要点浮现。

4. 寻求整体最优解，站在长周期做判断。

5. 多元，定期做点儿不靠谱、有趣无用的事。

6. 成功是小概率事件，找到自己的无限游戏。

7. 放下焦虑，不要放下好奇心。

看人际：简单善良可激怒

你微信里面的好友，有多少曾经和你见过面？见过面的人里，有多少和你有深交？即使那些曾经与你很熟悉的大学同学，在你的记忆里，也只是一个名字，你已经来不及认真地重新认识他一次，他到底过得怎么样？被什么所困？现在追求什么？当年喜欢的那个人，现在怎样了？

你不能不承认，过去那种天天泡在一起的密友越来越少，"熟悉的陌生人"越来越多。这是一个每个人都是熟悉的陌生人的时代，一个弱联系比强联系多的时代。**我们从"熟人社会"，逐渐步入了"陌生人社会"。**

美国知名学者弗里德曼这么描述"陌生人社会"："走在大街上，陌生人保护我们，如警察；陌生人也威胁我们，如罪犯。陌生人教育我们的孩子，建造我们的房子，用我们的钱投资……"

我们知道如何面对一个老朋友，但是如何面对突然出现的"熟悉的陌生人"呢？我们显然没有时间与他们像朋友一样推心置腹（也有风险），但也绝不能置之不理，这样会让你失去和世界交流的能力。在这个时代，弱联系比强联系往往更有价值。在这个陌生人时代，必须有新的品格。

博弈论把这个问题定义为陌生人的"多重博弈"，他们想研究，在这种情况下，什么样的人际策略是最优的？

我想大家都听过"囚徒困境"，我们来简要回顾一下：

> 两个一起作案的共犯，被单独关起来审讯录口供，他们各自面临"打死不说"和"背叛"两种选择。
>
> 如果双方都不说，因为证据缺乏，都只判一年；
>
> 如果双方都供出对方，那么各自判两年；
>
> 如果一个人背叛，另一个人沉默，则揭发者有功，当场释放；而沉默的人会遭受重罚，5年监禁。

博弈论指出，在无法沟通的情况下，"背叛"是最好的选择。

这个游戏充分展示出博弈的人性，以及沟通的重要性。这里顺便解释了一个生活小常识，为什么尽量不要在火车站、旅游景区这种地方购物？为什么火车站接客的出租车容易宰客？

因为这些商家和你都是单次博弈，不存在回头客。在这种情况下，最"理性"的方式就是忽悠你。

但是生活中的大部分博弈，并不是单次的，比如商业合作、交朋友、炒股票……这个时候，什么是最好的策略？

TFT 策略

1980 年，密歇根大学美国政治科学教授阿克塞尔罗德设立了一个大赛，他邀请一群博弈论学者每人设计一个程序，来玩一场 200 轮的"多重囚徒困境"游戏，看最后什么策略会胜出。

最后获得最高分的是一个最简单的程序。这个程序由苏联裔计算机科学家阿纳托尔·拉波彼特编写，名叫"Tit for Tat"（意为"以牙还牙"，以下简称 TFT）。

这个结果引来了各界极大的兴趣，于是更大规模的第二轮游戏开始。这一次，6 个国家的 62 个团队参赛，很多是计算机爱好者，还有进化论博士、计算机科学家。游戏的规则也有所升级，不再是 200 轮，而是以 200 为公约数的随机数字，防止大家在最后一轮作弊。毕竟，人生也一样，谁知道这是不是最后一回见面呢？

神奇的是，最后胜利的依然是最简单的 TFT，而且依然赢了一大截。

TFT 到底使用了什么策略？

它的策略简单到你无法相信，就两条：

· 第一步，合作；

· 以后每一步，重复对手的行动——你合作我合作，你背叛我背叛。

TFT 用了一个最简单的方式鼓励别人和你实现共赢，这个策略的成功能用这 4 个词解释：**善良、可激怒、宽容、简单。**

1. 善良：TFT 的第一步总是在表达善意，总是选择合作，而且永远不会主动背叛。

2. 可激怒：当对方出现背叛行为，及时识别并且一定要报复，不要让背叛者没有损失。我们平常称之为勇气。

3. 宽容：不因为对方的背叛而长期怀恨在心，没完没了地报复，而是让对方调整自己，重新回到合作轨道上来，既往不咎，恢复合作。

4. 简单：逻辑清晰简单，易于识别，能让对方在较短时间内理解策略。而且就一套策略，不管对方现在得分多少，是强是弱，都这么干。

TFT 的人际策略是陌生人社会里很好的策略，同样可应用在真实的商战、人际交往模式中。

1. 没事不惹事，遇事不怕事。以和为贵，第一个出友善牌。但如果你黑我，我也一定等量报复。绝不做烂好人。

2. 既往不咎，面向未来。

过去背叛过、伤害过你的人，不苦苦纠缠、怀恨在心。只要愿意重新回到合作轨道上来，既往不咎，尽快翻片儿。要做到很不容易，尤其是面对伤害你的人，忘掉过去，面向未来，是一种极致的活在当下。

3. 让人看透，足够简单。

一定要用各种方式表明自己的这种策略和态度，然后一直奉行。也许一开始有点儿膈应人，但时间长了，大家知道你就这样，反而沟通成本很低，合作顺畅。反倒是你今天豪爽，明天又精明，大家看不透你，也懒得猜，不如换个人合作。

不仅陌生人的多重博弈是这样，甚至多次博弈的爱情、友情也都是一样。

对恋人和朋友善良不用说。生活中常见的，多是一些"无能的善良""无原则迁就"的人。

有朋友对我说："我爸爸是个病态的人，每次喝酒喝多了，总是打妈妈。妈妈是个好人，不管爸爸怎么对她，都一如既往地默默承受，继续照顾。我说了很多次，他都没有改变。你觉得该怎么改变我爸爸这样的人？"

我说："有病的不是爸爸，而是妈妈。如果一个人喝酒喝爽了打人，也没有什么损失，大家还好好地照顾他，他为什么要改？反倒是妈妈，一个人这样对你，竟然没有区别对待，是不是病了？"

大家，尤其是很多女性，都被这种无原则的宽容坑害了。

要善良，但是要可激怒。否则别人为什么要对你好呢？连在起床这件事上，良知都干不过条件反射，更别说对人好这种宏大动作了。

但如果对方回头，也要有勇气从头来过，既往不咎。

4. 多沟通，多沟通，多沟通——不要复杂，不要让人猜。

千万别说："这都猜不到，你不懂我。"每个人的生长环境、生活状态不同，没有人能完全懂一个人，如果爱一个人，那就对他讲清楚。

讲清楚自己的需求，讲清楚自己的好恶以及原则。

记住，简单真实最有力量。

越是深刻的关系，越需要简单的关系。爱憎分明的人也许不会人见人爱，但总是收获最深、最好的关系。

要我谈恋爱，我宁选赵敏，不挑周芷若；宁选史湘云，不要林黛玉。

简单。善良。可激怒。

极致的聪明和善良

写到书的最后，我想你已经看出一些有趣的端倪，那就是一些外在策略和内在修炼似乎总是成对出现的。

"专注"这把刀，是安在"开放"上的，没有开放的心态和眼界，不可能专注。

"好奇"这把刀，是安在"迟钝"上的；不能理解系统，没法理解留白的重要性，也就无法安心获得乐趣。

"可激怒"这把刀，是安在"简单善良"之上的。

外在的聪明，总是安在内在修炼之上。极度的聪明，往往就是极度的善良。

假如今天我们决定做一件看似非常功利的事情——用性价比筛选我们的关系，然后只维持高价值的关系，抛弃其他低价值的关系。我们用高手战略的选择思路来做选择。

哪些关系是"高价值、有优势"的关系？

• 亲人；

- 价值观和梦想与你一致的人，帮他们就是帮你自己；

- 能和你一起成长的人；

- 能理解你、支持你的情感的人；

- 有实力、主动帮助过你的人。

哪些关系是可迭代的？

- 成长加速度和你一样，甚至比你快的人；

- 懂得互惠、互相支持的人。

根据这个很功利的思路，推导出来的交往原则是这样的：

1. 善待亲人，调整自己，形成和他们的正循环，因为你没的选；

2. 选择与三种人深交——梦想一致的战友、成长速度一样的伙伴、支持你情感的朋友；

3. 持续感谢有实力、帮助过你的人，而且他们往往会倾向于继续帮你；

4. 其他关系，暂时不管了。

在我看来，如果真的能做到前三点，你也的确没空搭理其他人，你已经是关系高手了。但是如何能做到这三点呢？

唯一的方式，就是自己成为一个"高价值、可迭代的人"，因为对方也是聪明人，也在用同样的方式筛选朋友。把这些评价标准反过来用在自己身上，就变成了"如何成为一个别人看好、愿意交往的高价值之人"的原则：

1. 善待亲人，形成正循环；

2. 做足够大的梦，才会有足够多的人帮你；

3. 快速成长，并让别人看到；

4. 懂得陪伴，朋友有情绪低落的时候，别评价，也不用着急解决，陪伴就好；

5. 广结善缘——能力范围内的，能帮就帮一点儿，恰当接受别人的感谢。

如果真的能做到以上 5 点，你就是一个极度善良的人。

这样的思考过程越多，你越能理解：**从一个很功利、顶级聪明的角度出发，最后推导出来的东西，往往会是善良的，顶级的善良。**

孙正义在 20 世纪 90 年代说过：虽然市场份额巨大，但是当时中国的市场竞争还处于初级阶段，因为厂家还会互相模仿，争夺类似的产品市场。在日本，公司创业和研发新产品的时候，会第一时间先去请教同行，看他们的研究方向。同行也会在可能范围内尽量告知。这样其他人可以尽量躲开在同一个市场竞争，从而彼此都受益更多。当时中国的企业家纷纷表示没法理解。但是今天，我们能在大量的论坛、创业营看到类似的事情，企业家公开自己的想法和竞争力，让彼此避免无意义的战备竞赛。你说这是不是聪明？是不是善良？

进化学家对于善良、利他这种基因流传到今天，感到非常困惑。在生存条件稀缺的时代，利他是件不利于个体生存的事。有的观点认为，虽然损害了个体的利益，但是进化是基于基因的，所以对于基因是好事；有的观点则认为，利他能够很好地互相交换资源，正是这种善良给了个体巨大收益；还有些观点则强调，在做出利他行为的同时，身体本身就释放了大量的激素，让我们更加幸福平静。利他比利己更加幸福。

但有一点是确定的，聪明的善良是个好东西，它在人性中存在，也会一直存在。越是进化、开明的社会，越善良。在《人性中的善良天使》这本书里，斯蒂芬·平克用几百幅图表和地图——他知道论证"人性向善"有多难——论证了一个事实，人类社会正在变得越来越善良。

> 人类社会正在变得越来越善良。部落间战事的死亡率比20世纪的战争和大屠杀要高出9倍。中世纪欧洲的凶杀率比今天要高出30倍。发达国家之间已经不再发生战争，发展中国家之间的战争死亡人数也只是几十年前的一个零头。强奸、家暴、仇恨犯罪、严重骚乱、虐待儿童、虐待动物，都出现了实质性的减少。

心理学家理查德·特伦布莱则从人类的角度说明这个问题，他衡量了一个人生命进程各个阶段的暴力水平，并证明：人类的成长就是一个变得越来越善良的过程。

> 人最暴力的阶段不是青少年，甚至不是青年时期，而是两岁的时候，所谓"可怕的两岁"（terrible twos）的确所言

不虚。一个刚刚学步的幼儿会踢踢打打，张嘴咬人，寻衅打架，身体攻击的频率随着年龄增长会稳定地下降。

特伦布莱说："幼儿不会相互杀害，那是因为我们没有让他们拿到刀枪。我们过去 30 年一直想回答的问题是，孩子是怎样学会攻击的。但这是一个错误的问题，真正的问题是，他们是怎样学会不去攻击的。"

善良是一种心智成熟的表现。我们面向未来、连接和不确定，善良即使不总是正确的选择，至少也是大概率的正确选择。

亚马逊 CEO 杰夫·贝佐斯说："善良比聪明更难。"其实，善良和聪明是同一个硬币的两面。不够善良的人，其实是不够聪明，而顶级的善良，需要顶级的聪明去理解。

在上一代野蛮生长的财富争夺中，富人未必是道德的。但在更加开放、连接性更强的现代社会里，心智的成熟和物质心灵的富足越来越可以画上等号——富人未必都是善良的，但是极度的贫困，往往是因为一个人心智水平低。可以说他不够聪明，也可以说他不够善良。

知识知识，其实是两件事，一个是不断刷新的"新知"，一个是越来越坚定的"旧识"。我知道得越多，就相信得越深：极致的聪明和极致的善良，是同一件事。

人类经历了这么多认知升级、科学革命，哲学家、自然科学家、社会学家用越来越多的方式，对世界的理解越来越深，我们一层又一层地找寻事物背后的规律、规律背后的系统、系统背后的真理。打开到最后，却惊奇地发现，那里有一些我们在幼儿园就学到过的东西：开放、专注、迟钝、有趣、简单、善良、可激怒。

极致的精明和极致的善良，是同一件事。

它们是同一枚硬币的正反面。

在你不知道该怎么做的时候，学习知识；

如果知识也不能解决，那就善良些吧。

跃迁 时刻

开放而专注，迟钝而有趣，简单善良可激怒

- 连接带来了现代社会的底层改变。

- 现代高手的 7 个心智关键词：开放、专注、迟钝、有趣、简单、善良、可激怒。

- 面对世界，开放而专注，进入系统。

- 面对自己，迟钝而有趣，智慧而超然。

- 面对他人，简单、善良、可激怒。

- 面对不确定，善良些吧！

如何使用这本书

当我决定写这本书的时候，我就希望这是一本不同于我过去的书，甚至也不大同于同领域其他书的独特的书。

在我看来，长久以来个人成长类的书籍有几个通病：

1. 只讲个人成长，忽略社会资源的利用；

2. 只谈个人经验，不谈底层逻辑；

3. 只谈自己的观点，不谈知识源头。

刚才说过，我希望这本书不一样，所以我必须和自己死磕。

第一步是摆脱过去个人成长类书籍一个常年避而不谈的话题——只谈自己的成长、个人努力，好像工资并不是老板发的，名声不是来自别人的评价，学习是自己憋在家里独立完成的一样。

今天这个万物互联的时代，如果你不懂得利用网络、人际关系、社会系统的引力，只凭借你自己的个人努力和天赋，撬动不了社会体系。如果你还被灌输了"只要足够努力就……"的思路，估计连幸福都难保。如果把这种思路叫作"狭义成长理论"，我希望能揭示这种个人努力如何撬动社会资源，最后反作用到自我身上，我称之为"广义成长理论"。

第二个需要克服的就是狭隘的个人经验主义。很多类似的文章在简简单单丢出来一个自己其实也不太了解的名词概念以后，就匆匆忙忙地开始"我有一个朋友"或"当年我……"的这种完全靠个人经验（很多朋友的故事搞不好都是编的）的套路，给了一些也许有点儿用但是遇到困难就会无解的技术，因为所有事情要做好都会遇到持续的障碍，一套解决问题的方法，需要底层逻辑、知识和价值观。

第三种是掐死知识的源头，显得很多都是自己琢磨出来的。我在前面说过，现在的人像油画的画法，都是直接用投影仪把照片打在画布上，勾勒出来线条，然后做油漆填色游戏。这没有什么不对，反正你也不希望画成毕加索的风格。但是很少有人会告诉你，因为这会减损他自己的"加工价值"，让画作显得没有那么珍贵。

这个现象落到写作领域，就变成大家都成了概念发明家，避而不谈他仅仅是把别人的概念改了个字。我提出了"职业生涯三叶草"模型，并把它清晰地写在《你的生命有什么可能》一书里。接下来几年，在各种不同场合看到了"职业三叶草""人生螺旋桨""生涯三要素"……我最近最欣赏的一个是"三生三世职业禅"——至少有创意。

更加邪门的是，越是知识工作者，越爱搞这一套，越无视版权。流氓会武术最可怕。

让我们坦诚点儿。一个人知识相当有限，一辈子能想通的概念也不会超过 10 个，别说日更，就连年更都是不可能完成的任务，我们大部分都在学习和整合，这本书也是。

油画的我管不了。但是在知识界，这么搞对自己一点儿好处都没有。一个好的来自源头的概念应该被传播，被分享。一方面尊重源头，是对上游挖掘者的尊重，对自己学术生涯的珍视；另一方面，这个时代，你并不是唯一的连接，你没法通过封闭糊弄所有人。有一天别人看到其他更底层的知识，会转身鄙夷你，之前的粉就白圈了。

再说，分享源头也真正能体现出你做的二次创作的价值。没有人因为《少年派的奇幻漂流》一书不是李安写的，就低估同名电影的价值。这会让你把注意力放到自己应该努力的环节，而不是小心翼翼地掖着藏着。

最后，分享能让你更快跃迁。如果理解了知识跃迁，你就该明白，快速让不同领域的人知道知识源头，会产生诸子百家效应，引发下一轮的知识跃迁。而你作为这个网络连接最多的点，跃迁的概率一定最大。分享恰恰是快速成长之道。

这一点我很佩服《精进》一书的作者采铜，他老老实实标注出来了 150 多本书单，虽然很少人真的看，但是看的人收获甚大，不仅找到粉丝，也找到了朋友。

我也老老实实标注出来了我参考的所有书籍、文章、网页和公众号。希望你能看到我脚下隐秘的巨人，和我沟通、交流、碰撞。但我们务必互联，一起跃迁。

所以这本书的用法是：

1. 第一遍，直接从头读到尾。我尽量用平实的话来表达，少讲术语，这本书的阅读体验应该是爽的。一定要读完最后一章，我主张的东西在里面。

2. 第二遍，回到对于你比较重要的章节。每章背后，我写了很多具体的操作方式，这些方法值得实践一下，你对于内容会有第二次体会。

3. 第三遍，尝试转述、复述给身边的人，这会让你加深理解，而且更有影响力。在讲不下去的时候回到书上来，翻几页，继续讲。

如果你希望超越这本书，注意力应该放到书单和与更多人的沟通上。欢迎联系我，不过我希望和认真读过这本书的人交流。

4. 常常放在案头。这种讲述底层逻辑的书，需要常常看，因为我们常常忘，这些逻辑都逆人性。我们人性中有短视、恐惧、贪婪的一面，这些都是下意识的，我们需要通过不断地强调高层次的意识，摆脱它们。

在我们自己身上，克服这个时代。

跃迁书单

高手的暗箱：利用规律，放大努力

1.《全新思维》/ 丹尼尔 · 平克

未来学家平克，开创性地展示了智能时代，哪些"人的能力"会成为未来的竞争力：设计感，故事感，交响能力，共情能力，娱乐感，探寻意义。

未来什么人最有竞争力？会讲故事有品位，能够共情会跨界，有点儿追求很会玩。

2.《人类思维如何与互联网共同进化》/ 约翰 · 布罗克曼

这其实是一整套书的其中一本，作者所在的这个组织叫作Edge，是一个科学家群体。他们每年思考一个大问题，然后把答案集结成册——100多位世界顶级精英怎么看这个问题。

3.《科学革命的结构》/ 托马斯 · 库恩

科学史中的经典名著，讲清楚了科学关键革命的转换原理"范式转换"。其实商业、个人也一样。

4.《万万没想到》/ 万维钢

不怕流氓会武术，就怕理工科的人会励志，真的是满满的、不容分辩的颠覆。

5.《人类简史》/ 尤瓦尔·赫拉利

讲述了一个史诗般宏伟的大故事——智人是如何通过讲故事，创造想象共同体，从而跑赢进化，统治世界的？

6.《隐秘的知识》/ 大卫·霍克尼

拆穿艺术大师几个世纪来不为人知的"隐秘"。本书不仅展现了古代大师的失传技法，更给艺术界带来重新思考——什么是艺术最重要的技艺？

高手战略：在高价值区，做正确的事

1.《精要主义》/ 格雷戈·麦吉沃恩

做"更少但是更好"的事，切忌贪多求全，事事应允。

2.《选择卓越》/ 吉姆·柯林斯、莫滕·T. 汉森

不确定的时代，选择比行动更重要。

3.《不得贪胜》/ 李昌镐

"石佛"李昌镐自传：当代最伟大棋手的胜负哲学。

4.《策略思维》/ 阿维纳什·K. 迪克西特、巴里·J. 奈尔伯夫

深入浅出的博弈论经典读物，用策略思维放大你的能力。

5.《华杉讲透孙子兵法》/ 华杉

结合现代管理和商业，逐字逐句讲透《孙子兵法》。最实用接

地气的讲法。

6.《成为沃伦·巴菲特》/ 彼得·W. 孔哈特、布瑞恩·奥克斯

2017 年介绍"股神"巴菲特的最新纪录片，很清晰地讲明白了巴菲特的投资心法。

7.《击打的科学》/ 泰德·威廉斯

"史上最佳击球手"泰德·威廉斯影响深远的教科书。巴菲特说，对他的投资理念影响极大。

8.《巨富》/ 克里斯蒂娅·弗里兰

巨富不是一般的富人，而是最富的人中间的 20% 的 20% 的 20%。作者有幸进入这个圈子，跟踪 20 年，记录了这群人的职业生活形态。幸运的是，这本书没有写成流着哈喇子的炫富体，而是很冷静地分析这群人的成败特点，有褒有贬。虽身不能至，学点儿总好。

联机学习：找到知识源头，提升认知效率

1.《好好学习》/ 成甲

公众面前，他是"得到"最受欢迎的说书人成甲；私下，他是一个头脑非常深刻，看事情极其透彻的朋友。这里面是他学习、抓理念的全套家伙什儿。

2.《新社会化学习》/ 托尼·宾汉姆、玛西娅·康纳

社会化学习的书很少，这本算是个开头吧。

3.《写作风格的意识》/ 史迪芬·平克

哈佛著名心理学家，写过《语言本能》《思想本质》《心智探

奇》这种非常专业又畅销的书。这么一个心理学家，如何看待写作？近年来读过的最好的写作书。这本书好像没有出大陆简体字版，只有繁体字版。

4.《如何阅读一本书》/ 莫提默·J. 艾德勒、查尔斯·范多伦

帮你在读书这件事情上少走弯路，越早读到越好。

5.《美第奇效应》/ 弗朗斯·约翰松

美第奇家族资助了文艺复兴时期大部分重要人物，开启了整个文艺复兴时代，如何用财富和影响力创造知识和创意？这本书解释了如何通过多学科、多领域的交叉思维，创造出惊人的成就。

6.《卓有成效的管理者》/ 彼得·德鲁克

"现代管理学之父"彼得·德鲁克最著名的著作之一，大道至简。这是一本管理者必读，不读也要买来收藏的书。

7.《旁观者》/ 彼得·德鲁克

其实所有他的著作里，我最喜欢这本。

8.《如何高效学习》/ 斯科特·扬

10 天搞定线性代数，1 年学完麻省理工学院 4 年本科课程……看似"不可能的任务"，其实只是缺一个高效学习的方法。国外学霸心法。

9.《精进》/ 采铜

采铜是知乎大神，自带科学风骨。近年来看到的最翔实有用的个人精进书籍。

破局思维：升维思考，解决复杂问题

复杂系统

1.《改变：问题形成和解决的原则》/ 保罗·瓦茨拉维克、约翰·威克兰德和理查德·菲什

三位斯坦福大学的神经学教授提出一种心理咨询的"简快疗法"流派。他们有感于大部分的心理问题都是因为自己掉入了心智模式的死循环。不过本书前面讲数论的部分极其拗口，不想看直接跳过，也并不影响理解原意。

2.《系统之美》/ 德内拉·梅多斯

彼得·圣吉的老师，系统思考领域的经典，最好的入门指南。

3.《第五项修炼》/ 彼得·圣吉

就是这本书提出了"学习型组织""心智模式"等概念，第一次把系统论带入企业管理的跨界之作。在这之前，彼得在麻省理工学院搞火箭工程。

4.《混沌与秩序》/ 弗里德里希·克拉默

一本详细、清晰地讲述复杂系统、混沌、自涌现等的入门书。

5.《自下而上》/ 马特·里德利

揭开这个世界最重要的 16 种演变：原来一切改变的力量，都来自暗流涌动的底层。

思考方式

1.《打破自我的标签》/ 陈虎平

陈虎平也是新东方著名的 GRE 阅读老师，在香港中文大学读完哲学博士，从进化论的角度重新诠释自我突破，是一本被严重低估的好书。

2.《思考，快与慢》/ 丹尼尔·卡尼曼

诺贝尔奖获得者、当代最有影响力的心理学家丹尼尔·卡尼曼。他解释人类有两套思考系统——系统 1 和系统 2，即快速反应与慢慢分析。

3.《禅与摩托车维修艺术》/ 罗伯特·M. 波西格

美国一代青年人的启蒙，《时代周刊》评选的 20 世纪 70 年代十大最具影响力书籍之一，是很多硅谷英豪的哲学启蒙书籍。一位修习东方哲学的父亲带领长子骑摩托车横跨美国大陆的公路对话录。关于人生、风景、禅修、社会……全书都是这种风格。

"佛陀或是耶稣坐在电脑和变速器的齿轮旁边修行，会像坐在山顶和莲花座上一样自在。如果不是如此，那无异于亵渎了佛陀，也就是亵渎了你自己。"

另一本类似的书是《和尚与哲学家》。

4.《决策与判断》/ 斯科特·普劳斯

社会心理学入门读物，一本几乎涵盖了所有决策相关内容的书。

5.《高效能人士的七个习惯》/ 史蒂芬·柯维

这本书被称为"永恒的畅销书"。与其说是"七个习惯"，不如说是自我修炼的"七个信条"。这本书的阅读经历很有趣，年轻的时候翻觉得全部都是鸡汤，现在看觉得写得好，读其他大部分书，感受正相反。

内在修炼：跃迁者的心法

1.《稀缺》/ 塞德希尔·穆来纳森、埃尔德·沙菲尔

贫穷不是什么财富数字，而是一种稀缺心态。本书揭示了稀缺的成因，以及从稀缺走向富足的方法。

2.《关于人生，我所知道的一切都来自童书》/ 陈赛

"每个人有三次读童书的机会，一次是孩子时期，一次是做父母的时期，一次是生命尽头。"

难得有一本中国人自己写的童书通览，作者也难得有一颗童心。如果你听说过童书蕴藏智慧，又不知道从哪里开始，那就从这本开始。

3.《苏东坡传》/ 林语堂

讲述苏轼作为一个才华极高的乐天派，无可救药的癫狂一生。作者林语堂也难得地写嗨了。

4.《聪明的投资者》/ 本杰明·格雷厄姆

巴菲特说：这是有史以来关于投资的最佳著作，是理性投资的基石。

5.《穷查理宝典》/ 查理·芒格

汇集投资大师查理·芒格关于投资、学习与人生的心得。这本书说实话太长，我还没看完。成为高手之路之所以和以往再不相同，是因为这个世界正在发生许多无法想象的深度连接。正是因为有了连接，才有机会找到头部、联机进化，实现跃迁。

所以，全书写到这里，我无比希望为所有的读者做这样一件事——

我想要建立一个跃迁者的大本营，和大家一起在其中发现更多高手的暗箱，找到头部，兑现价值——最重要的是，和我以及成千上万名优秀读者实现大脑联机，更聪明地学习、思考和行动，让更多人有机会真正跃迁成为高手。

如果你也感兴趣，欢迎到我的公众号"古典古少侠"（ID：gudian515）输入"跃迁"获得链接。

扫描二维码关注"古典古少侠"
输入"跃迁"加入跃迁者大本营

此外，如果你读完这本书后有任何的感受、评论或笔记，欢迎加上话题标签 #跃迁#，发在新浪微博上并 @ 古典，优秀的书评作者我会优先邀请加入核心读者群，和你一起加速跃迁。